阿德勒的人生进阶法则

［奥］阿尔弗雷德·阿德勒 著
王晓琳 译

Alfred Adler

台海出版社

图书在版编目（CIP）数据

阿德勒的人生进阶法则 /（奥）阿尔弗雷德·阿德勒著；王晓琳译. -- 北京：台海出版社，2023.9（2025.5 重印）
 ISBN 978-7-5168-3627-9

Ⅰ.①阿… Ⅱ.①阿…②王… Ⅲ.①阿德勒（Adler, Alfred 1870-1937）—心理学—通俗读物 Ⅳ.①B84-49

中国国家版本馆 CIP 数据核字（2023）第 154217 号

阿德勒的人生进阶法则

著　　者：［奥］阿尔弗雷德·阿德勒	译　者：王晓琳
责任编辑：徐　玥	封面设计：仙　境

出版发行：台海出版社
地　　址：北京市东城区景山东街 20 号　邮政编码：100009
电　　话：010-64041652（发行，邮购）
传　　真：010-84045799（总编室）
网　　址：www.taimeng.org.cn/thcbs/default.htm
E - m ail：thcbs@126.com

经　　销：全国各地新华书店
印　　刷：三河市嘉科万达彩色印刷有限公司
本书如有破损、缺页、装订错误，请与本社联系调换

开　本：880 毫米 × 1230 毫米	1/32	
字　数：160 千字	印　张：8.5	
版　次：2023 年 9 月第 1 版	印　次：2025 年 5 月第 3 次印刷	
书　号：ISBN 978-7-5168-3627-9		

定　　价：49.80 元

版权所有　　翻印必究

目 录

生活的意义
人生的三个重要事实 / 3

意义不可能"个人化" / 8

唯一的真理：社会生活规律 / 12

经历对生活意义的影响 / 15

"安全感"的本质是"适应"
我们是怎样认识世界的 / 23

心灵的目标，是与外部环境相适应 / 26

性格是适应社会的模式 / 31

人最根本的能力——社会情感 / 34

糟糕的自我否定
你为什么失眠 / 41

从横冲直撞到谨小慎微 / 45

"虚荣"的实质，是自我否定 / 49

犯罪的根源，是合作能力匮乏 / 57

越逃避，越脆弱

避世，是一种自我流放 / 67

焦虑会损害合作关系的建立 / 71

怯懦的根源，是逃避责任 / 75

不文明行为的用意——与社会保持距离 / 81

消除自卑、追逐优越是人的生活本能

如何看待自己的不足 / 87

弥补自卑——追逐认同与优越感 / 93

自卑感和优越感都是有害的 / 98

处世障碍通常始于儿童时期

生命曲线图和宇宙观 / 103

温柔，我们一生的追求 / 107

父母造成的影响 / 112

与母亲的关系至关重要 / 114

父亲的角色 / 121

学校是连接家庭和社会的桥梁 / 128

离开家庭融入社会的问题

  人生中的三大问题密切相关 / 133

  必须尽早确定职业意向 / 136

  从游戏中找到兴趣 / 141

  爱你的邻居 / 144

  爱情与婚姻是两个人齐心协力的合作 / 150

从内到外的自我观察

  不可忽视的外部特征 / 159

  "智商"高低，与个人成就关系不大 / 164

  勇敢还是怯懦 / 167

  你信命吗 / 170

  无意识潜藏着更真实的人格 / 172

  你经常分心吗 / 177

内涵丰富的早期记忆

  出生早晚对人的影响 / 183

  记忆是生活备忘录 / 186

  记忆的形式 / 191

  记忆的内容 / 195

  早期记忆的几个案例 / 198

受溺爱和受敌视的早期记忆 / 206

梦与梦的解析

由梦识人，存在着合理性 / 213

用梦来创造情绪和情境 / 219

梦的欺骗性 / 223

为什么做梦 / 227

睡眠和催眠 / 231

相互影响无所不在 / 234

每个人都是完整的统一体

无意识和意识：冰山的下层和上层 / 241

寻找目标 / 244

原型的基础——统觉系统 / 248

贯穿一生的生活模式

环境对生活模式的影响 / 253

什么样的生活模式是正常的 / 256

调整生活模式的必要性 / 263

生活的意义

　　真正的生活意义，必须是得到所有人认可的公共意义，它对绝大多数人甚至所有人都是有效的。要幸福，要成功，就必须积极地与他人建立联系，为他人带来快乐，以合作的方式达成共赢的目标。这种人有一个共同特征，就是容易受身边人的兴趣影响，能以不和他人发生直接冲突的、最恰当的方式解决生活中的难题。

人生的三个重要事实

一个人即使没有明确地总结出自己的生活意义，也会在行动中有所表现。我们想要了解一个人的生活意义，不用听他怎么说，只要看他怎么做就可以了。他的表情、动作、态度、习惯，就像一张可以充分展现其人生目标的说明书。越是细微的行为动作，往往越能表现出个人对世界的真实态度。他自己也知道最难遮掩的便是细节。从这个角度看，他竟像是极为坦诚地大声宣告，我就是这样，世界就是这样。当我们探究他和他的生活意义时，还有比这更好的答案吗？

每个人的生活都不一样，所以生活意义的表现方式也各不相同。我们发现，完全正确的生活意义是不存在的，每个人的生活意义或多或少总有一些错误的地方。我们还发现，一个人的生活意义只要能得到其他人的肯定，就一定有其可取之处。一切生活意义都在对错之间，既有对的部分，也有错的部分，唯一的区别就是对的多，还是错的多，是非常糟糕，还是非常美好。我们还发现，好的生活意义有一些糟糕的生活意义所不具备的共性。经过反复归纳验证，我们得出了一个衡量生活意义的标尺，这是一个非常科学的标尺，适用于所有真正的生活意义，能让大家更加轻松地应对现实生活中的各种难题。有一点大家必须注意，就是生活意义这个概念，只有建立在人类和人类目标计划的基础上，才是成立的。对我们来说，世界上一切事物，只有和我们建立了联系的，或者我们能够对其产生认知的，才是真实有意义的，否则即使客观存在，也等同于不存在。

以下三个重要事实组成了我们的生活，也制约着我们的生活。我们无时无刻不在面对由它们引发的一系列问题，并想办法加以解决。一个人对生活意义的理解，决定了他将如何解决这些问题。

第一个事实是，我们生活在"地球"这个荒芜的星球上，谁都无法离开。这个事实影响了我们的行为。一切生存资源都只能在地球上找。我们必须不断发展自己的精神和肉体，如此才能保证种族的延续。即使到了现在，这也是地球上的每个人都必须重视的问题。我们做的每件事，其实都能体现出人类的生活状况，都包含着我们对各种事实的理解——什么是有价值的、合适的、可能的、至关重要的。这些理解又受制于这样的事实：我们生活在地球上、我们是人类的一员，诸如此类。危机重重的生存环境和过于脆弱的身体，要求我们必须以百折不挠的毅力和恒心，为自己找出最合理的答案，只有这样，人类的幸福和安全才能得以保证。这就像解数学难题，只靠运气和想象是无法找出正确答案的。所以，我们必须以积极的态度不断努力，兢兢业业地工作。如此一来，我们就算无法找到最正确、最完美的答案，也能朝着这个目标不断靠近。需要注意的是，最好的答案一定克服以下两种制约，一是我们生活在地球这个贫瘠的星球上，一是生活中必然存在各种天灾人祸和利益纠纷。

第二个事实是，地球上不是只有一个人类，只要活着，我们就要和其他人建立联系，只是联系的紧密程度各不相同。因为受到的制约太多，且身体过于柔弱，我们很难靠个人的力量达成既定目标。没有人能够离群索居、独力解决生活中的所有难题。若真有人在这条路上越走越远，等着他的，也一定是失败和死亡。人类想要繁衍生息，首先得保证个体的存活。一个人只有和其他人的生活建立联系，才能获得人生幸福，为整个人类的福祉贡献力量。只有建立了这种联系，我们才有可能解决生活中的各种难题。我们必须明白，隔绝只会带来灭亡，联结凝聚才能走向繁荣。人类最重要的任务，就是在这个荒凉的星球上和其他人建立联系，团结协作，确保种族延续。这也是人类的最重要的问题。

第三个事实是，人是由两种性别构成的。这个事实直接决定了个人和人类群体的生存、发展。每个男人和女人都要面临恋爱结婚的问题。第三个事实，正是婚恋关系得以建立的基础。个人解决婚恋问题的方式，体现了他对生活的态度。他会用自己认定的最好的方式，来解决这个事实所引发的各种问题。这些问题主要分为三种，都是我们无法回避的。首先，在这个贫瘠的、充满危机的星球上，我们要选择什么样的工作养活自己。其次，我们怎么做才能在人群中获得一个不可动摇的位置，达到合作共赢的效果。最后，我们要如何调整自己的行为，才能更好地适应人类由两种性别构成、人类繁衍需要男人和女人建立婚恋关系这两个客观事实。以上三个问题简单来说，就是职业、社会和性的问题，我们必须加以重视。

个体心理学家发现，个体生活中大部分的问题都可以归结到职业、社会和性这三个领域里。个体如何解决这些问题，取决于他们对人生的意义的理解。如果一个人觉得和他人交往是件非常痛苦的事，在工作和生活中都表现得非常糟糕，既没有爱人，也没有朋友。那么我们必然可以从他遭遇的阻碍中得出这样一个结论：他的社交圈子非常窄，生活对他来说只是一场充满痛苦、看不到任何机会的磨难。他唯一的生活目标，就是保护自己不受伤害。为了实现这一目标，他恨不得把自己关起来，只在一个他极为熟悉的、非常狭小的空间里生活。而那些和他相反的人，会觉得生活是一场充满希望和新意的旅程。他们相信机会无处不在，没有无法战胜的苦难。他们热爱工作，婚姻幸福，走到哪里都能结交新的朋友。对他们来说，生活的意义就在于和大家同甘共苦，作为社会的一分子为人类的发展献计献策。

根据个人解决这三大问题的情况，我们可以把生活意义分成正确的和错误的两种。所有的失败者，罪犯、酒鬼、精神病患者、自戕者等，都有一个共同特点，就是缺乏安全感和归属感，不愿意或者说无法融入社会生活中。这些人无法通过合作的方式解决友情、职业和性的问题。对他们来说，生活意义只与自己有关。他们总是把视线过多地放在自己身上，不允许任何人从他们身上获得好处。他们认为成功是个人的事，这种完全建立在个人成就感上的成功，其实非常虚幻。比如，杀人犯拿到一瓶见血封喉的毒药，就自以为拥有了至高无上的权力，这种想法不是很愚蠢吗？毒药是无法真正提升其个人价值的。他们觉得自己非常重要，在其他人眼里却和过去一样毫无价值。只有和他人建立联系，才能得到真正的价值。同样，我们的所有行为和目标都要对他人有意义，才有价值。很多人都不明白为他人的生活做贡献，是提升个人价值和重要性的唯一方法。

意义不可能"个人化"

有这样一个故事，一个宗教领袖将所有教众召集到一起，对他们说这周三就是世界末日。信徒们听了非常害怕，回家之后把所有家产都卖了，想着在临死之前，要尽情地享受一番。他们惶恐地等着末日的到来。可是，星期三那天不要说末日，甚至连大点的风都没有。信徒们怒气冲冲地找到领袖，大喊着说："我们被你害死了，卖光了所有的家产不说，还自以为好心地告诉了亲朋好友。亏我们那么相信你，和他们说，透露这个消息的人地位极高，十分可信。现在所有人都在笑话我们，你说周三是世界末日，现在周三都过了，你怎么解释。"领袖理直气壮地说："错啦，错啦，我说的周三是我自己的，和你们无关！"很明显，领袖为了逃避信徒的指控，故意把个人意义替换了公众意义。所以说，在现实生活中，个人意义根本经受不住考验。

真正的生活意义，必须是得到了所有人认可的公共意义，它对绝大多数人甚至是所有人都该是有效的。何为科学方法？能帮助一个人解决某个问题，也能帮助其他人解决同类问题的方法，就是科学方法。它必须对整个人类都有相同的意义。天才必须满足以下两个条件，一个是重要性得到了广泛认可，一个是取得了巨大成就。由此可知，所谓生活意义，其实就是个人对集体的贡献。需要注意的是，这里说的是个人成就，和职业目标没有任何关系。能够轻易解决生活中各种难题的人，用自己的行动告诉我们，真正的生活意义是积极地和他人建立联系，为他人带来快乐，以合作的方式达成共赢的目标。这种人有一个共同特征，就是容易受身边人的兴趣所影响，能以不和他人发生直接冲突的、最恰当的方式解决生活中的难题。

很多人以前可能都没有听说过这种观点，甚至会提出疑问：难道真正的生活意义，就是奉献，就是关注他人，和他人建立合作关系？他们茫然无措，并不相信不顾个人利益，只为他人的利益服务，会让自己感到舒心和快乐。他们相信人天性就是自私的，为了自身的发展，更多地考虑个人利益，理所当然。这些貌似正确的观点，其实毫无道理可言，因为它们从根本上就是错的。愿意为他人做贡献，并以此为目标的人，自然知道要怎么做，才能塑造出理想的性格，时刻兼顾他人和社会的利益。这种人会以社会感为基础，调节磨炼自己的性格，自动自发地学会一些他本该具备的生活技巧。目标明确的人，在训练中很容易就能学会这种技巧。为了处理生活中的三大重要问题，他会不断地发展自己，磨炼自己的相关技能。比如，我们在婚姻关系中，若是深爱自己的伴侣，自然会想把为伴侣提供更好的生活当成自己的人生目标。为了实现这一目标，我们会竭尽所能地发展和提高自己。相反，若是没有这样的目标，一切提升伴侣幸福指数的努力，都将变成表演般虚假做作。

还有一点可以证明生活的意义在于为他人做贡献。比如我们从前人手中继承的耕地、房屋、科学、艺术、知识等，这些都是祖先为我们现在的幸福生活所做的奉献。可是还有一些人，完全没有合作和贡献的意识，遇到问题不是装死就是逃跑。当他们回忆过去时，发现自己白活一场，没有在世界上留下任何痕迹。他们的生命毫无价值，死亡便是终结。闭上眼睛，听听地球在说什么吧！它说："你们活着和死了有什么区别？死吧，你们这些没有前途、没有价值的废物，滚！"对于那些不愿意帮助他人、没有合作精神的人，我们也要说："滚吧，你们这些无用的垃圾。"尽善尽美的文明并不存在，我们发现了文明中的不足，就要努力加以改进。至于改进的方向，自然是提升人类的幸福感，让人类过上更好的生活。

生活中有很多既有合作精神，又愿意帮助他人的人。他们知道怎么做才能让生活更有价值，他们会精心浇灌自己的爱情之花，努力培养自己的社会兴趣。几乎所有宗教都在宣扬和提倡这种感情。遗憾的是，无论宗教为社会做出了多大的贡献，只要信徒的脚步稍有偏差，宗教的内涵和社会价值就会被扭曲和忽视。所有意义重大的运动都以为人类做贡献为初衷，宗教也是如此。相比于宗教和政治，科学更容易被人理解和接受，为什么？因为它能迅速激起个人的社会兴趣，让人感受到生活的意义。我们在讨论意义这个问题时，无论有着怎样的立场和角度，目标一定是提升个人对他人和社会的兴趣，增强个体的合作能力。

正确的生活意义和错误的生活意义，会产生截然不同的结果。正确的生活意义是人类的事业守护者，错误的生活意义则是人类的事业破坏者，像魔鬼一样恐怖。所以我们的首要任务就是找到这些意义的起因和它们之间的区别，如此才能在意义出现严重问题时，及时发现并加以纠正。上述问题都属于心理学范畴。相比于生物学、生理学，心理学的优势在于，它可以明确意义和意义对人类的影响，并在此基础上，提升人类的幸福感。

唯一的真理：社会生活规律

达尔文发现，个体柔弱的动物比个体强悍的动物更倾向于群居。人类没有强悍到拥有足以独自生存的肉体，毫无疑问，也是一个柔弱物种。在自然界，人类是如此脆弱和渺小，为了能在地球上生存下去，不得不制造各种工具，以弥补身体上的不足。当一个人独自进入原始森林，身边没有任何工具和伙伴时，他将经历怎样可怕的局面，几乎是不言而喻的。这个时候，几乎所有动物的生存能力都比他强，他的力气、速度、牙齿的锋利程度、视觉听觉的敏锐程度，没有一样可以与它们一较高下。可是这些都是在大自然中得以存活的基本条件。为了生存，我们必须制造各种工具。没有全面、强大的保护，我们连活命都做不到，更不用说发展人格、培养更好的生活方式。

人类对生存条件要求非常高。只有生活在社会中，我们才能获得这种优越的环境。个人想要变成集体的一部分，就必须参与到社会分工中。没有分工合作，人类必将走向灭亡。

分工合作是文明和发展的标志。只有分工合作，我们才能更快、更好地制造出各种进攻和防守的工具，满足自己的各种需求。人类想要更好地保护自己，就必须学会分工协作的技巧。想想成人要耗费多少精力，才能孕育一个婴儿，并将其健康地抚养长大？没有分工合作，这个过程绝不可能完成。成人的身体都如此脆弱，更别说弱小的婴儿了。只要想想婴儿抵御疾病和缺陷的能力有多低，就能知道照料、保护和社会生活对人类有多重要。总之，人类的繁衍和发展，只有在社会环境中才是可能的。

我们每天遇到的各种问题，一定会对心灵活动的路径和方式产生至关重要的影响，这一点毫无疑问，所以心灵活动绝不会是自由的和漫无目的的。心灵想要对问题做出判断并加以解决，就一定要参照社会生活规律。所以，社会生活一定会对个人产生重大影响。反过来，个人想要影响社会生活，就非常困难了。这种影响或许有，但一定非常微小。社会状态复杂多变，当前的状态永远不会是最终结果。每个人都要受社会生活影响，和社会生活发生复杂的联系。在这种情况下，想要探究一个人心底的秘密，甚至完全了解这个人，难度极大。

我们只有一个办法能改变这种局面，就是以社会生活规律为唯一真理，坚持不懈地解决由人类能力和限制引发的各种问题，并坚信只要这样，就能不断拉近和绝对真理之间的距离。

除此之外，我们还要注意马克思和恩格斯关于社会物质层面的论述——经济基础（物质资料）决定上层建筑。从某种意义上说，他们的观点，和我们"人类社会生活规律""绝对真理"的观点，其实是一样的。但是，历史经验和个体心理学家告诉我们，经济压力经常会让人在仓促之间犯一些目光短浅的错误。在努力赚钱的时候，他们经常会一错再错，最终走上无法挽回的绝路。在不断靠近社会生活规律的道路上，我们一定会犯下不计其数的错误。

经历对生活意义的影响

我们从出生的那一刻起,就开始探求生活的意义。脆弱的婴儿会用自己的方式评估自身力量和这种力量能在生活中发挥多大的作用。孩子五岁时,就已经形成了独属于自己的看待问题、解决问题的方式,这是一种固定的行为模式。"对自己、对这个世界有何种期待",这样的问题在他心里已经有了非常明确的答案,轻易不会发生改变。生活意义会帮助他对某些未曾经历的事产生一定的了解和判断,让他在此基础上形成自己的统觉规划表。之后,他会以这个规划表为依据,来观察和认知这个世界。就算此时的生活意义从根本上就是错的,这种生活方式让他受了很多苦,他也不会轻易去改变它。想要更正这种错误,唯一的办法就是找到错误的起因,修正统觉规划表。

被错误生活意义所带来的惨痛后果骤然惊醒,然后,经过艰苦卓绝的努力,最终改变了自己的生活意义,这样的人确实存在。但更多的人却无论如何都不会改变之前的错误方式，即使他感受到了社会的压力，即使他的生活像一片难以挣脱的泥沼。通常来说，只有了解内情的专家才能帮我们矫正错误观点，建立一个更加合理的生活意义。

在童年时期同样吃苦受罪的人，可能产生截然相反的生活意义。他们也许同样重视快乐的感受，同样对外界满心戒备，但他们的思维方式和行为方式却全然不同。有些人想的是："我一定要竭尽所能改变这种情况，不能让我的孩子和我吃一样的苦。"有些人想的是："这个世界真是太不公平了，为什么受苦的总是我？既然这样，我还有必要认真生活吗？"有些人对自己的孩子说："我小时候什么苦没受过，你们不要太娇气了。"有些人对自己说："我小时候吃了那么多苦，现在自然该好好享受一番。"童年的经历影响了这些人的行为，想要改变他们的行为，必须先改变他们对那段经历的理解。

由此可知，个体心理学并不承认决定论。你真的以为经验可以决定一个人的成败吗？怎么可能。真正左右我们行为的，从来都不是经验，因为我们只会按照既定目标选择合用的经验。我们通过经验总结生活意义，通过生活意义树立人生信条。根据过往的经验来设想未来的生活，这种做法也许是错的，但有谁不是如此呢？生存环境对生活意义的建立起到了至关重要的作用，对生存环境的理解，决定了我们将成为什么样的人。

　　因为儿时生活环境的问题，一辈子都在朝一个错误的生活目标努力，这种人在现实生活中并不少见。童年悲惨，长大后也很失败的人，更是人群中的大多数。那些有生理缺陷、体弱多病的孩子，尤其容易走上这样的道路。因为生存压力太大，他们很难明白，奉献才是真正的生活意义。如果没有家人刻意引导，他们会把更多甚至是所有的注意力都放在自身感受上。越是和他人比较，他们越觉得沮丧和失落。当前的文化环境，对他们的成长极为不利，无处不在的同情和嘲讽，会严重损害他们的自尊心，他们越来越自卑，甚至不想出现在人群中，更不敢相信自己也能为社会做贡献。对于那些身有残疾和内分泌紊乱的孩子，很少有人去关心他们心里的困惑。

　　我们现在讨论这些问题，不是为了证明遗传或生理缺陷会让人走向失败。事实上，没有任何证据可以证明先天不足和内分泌紊乱会引发错误的生活方式。在艰苦的环境中历经磨难，最后成为栋梁之材的孩子，不在少数。个体心理学不会在这方面为优生学摇旗呐喊。历史上有很多伟大的人物都有生理缺陷，他们或是体弱多病，或是有视力或听力方面的障碍，还有一些人年纪轻轻就离开了人世。可是一切磨难都无法阻碍他们前进的脚步，他们是百折不挠的勇者，从不畏惧生活的艰辛，最终都通过不断的努力，为社会发展做出了巨大的贡献。所以，身体状况并不能决定心灵发展的方向。事实证明，很多有生理缺陷的孩子之所以会出现过分关注个人感受的问题，并最终走向失败，完全是因为没有受到正确的引导。没有人知道他们真正的困难是什么，到底需要什么。

溺爱会让孩子产生错误的生活意义。在溺爱中长大的孩子，会把自己的需求视为对他人的命令。他们认为自己天生就和别人不一样，是上帝的宠儿，不用付出任何努力，就能得到自己想要的一切。当他们发现自己不再是备受瞩目的焦点，发现所有人都在渴望他人的关注时，就会觉得自己受到了怠慢，并为此气恼不已。在和其他人交往时，他们一贯的态度就是不愿意付出，只想得到。溺爱让他们对自己的能力失去了信心，觉得自己只能在别人的照顾下生活。他们一遇到问题，就想找别人帮忙，把所有的希望都放在别人身上。对他们来说，改善自己处境的唯一方法，就是提高自身地位，让别人承认他们与众不同。

在溺爱中长大的孩子，很容易成为社会上的破坏者。有些人为了获得权力，昧着良心逢迎上级，再用手中的权柄奖赏那些讨好自己的人。这种行为严重损害了团结协作的环境。他们敌视一切不讨好、不顺从他们的人，把这样的人当叛徒对待。他们觉得社会对自己不公平，甚至恶毒地想要报复所有人。在他们看来，不认可他们生活方式的社会，是不公平的，所以惩罚对他们没有任何用处。他们只会不停地对自己说："所有人都在和我作对。"被溺爱扭曲了生活观念的人，犯错的方式也许各不相同，但本质是一样的。他们全都把成为所有人的主人、成为最重要的那个人、成为别人逢迎讨好的对象，当成了自己的生活目标。只是有的人手段温和些，有的人手段粗暴些，有的人时而镇压时而怀柔。为了实现这个目标，他们什么事都做得出来。

忽视同样会让孩子产生错误的生活意义。在忽视中长大的孩子，不知道什么是真正的爱，也没有合作意识。他们看不到友谊的力量，对生活的理解也非常离谱和可笑。他们总觉得自己能力不足，无法解决任何问题，遇事时也不会主动向他人求助。这不难理解。因为过去的经历告诉他们社会就是冷酷的，谁也无法从中得到温情。也不尽然，温情和尊重，还是存在的，但那只是一种利益交换。他们谁都不信，包括自己。可是，任何经验都无法取代感情的地位。母亲最重要的工作，就是赢得孩子的信任，并将这种信任扩展到孩子生活环境的各个方面。如果母亲无法赢得孩子的信任和兴趣，与之建立良好的合作关系，她又怎么能引导孩子对他人和社会感兴趣呢？人天生就有对他人感兴趣的能力，只是这种能力想要发展壮大，必须得到引导、开发和磨炼。

当孩子受到忽视、排挤和厌恶时，他与外界建立联系的热情必定大大降低。他将自己封闭在一个狭小的圈子里，以保护自己不受伤害，可是如此一来，他的合作能力就会受到抑制，他不知道该如何与他人相处，对于那些能让他和别人共存的事物，也会本能地忽视掉。众所周知，这样的人是很难在生活中走向成功的。当然了，如果完全得不到外界的关怀和照料，人一出生也就死了，所以我们这里说的忽视，只是相对其他孩子而言，得到的照顾较少，或者在某一方面被忽视了，其他方面都很正常。被忽视的孩子总是满怀戒备。很多孤儿和私生子最后都走向了失败，因为他们比其他孩子更容易受到忽视。

　　身体缺陷、溺爱和忽视是错误生活意义的三个重要起因。在这种情况下，孩子容易用错误的方式看待问题。没有其他人的协助，他们很难从这些错误的观念中走出来。想要通过他们的行为探明其生活意义，必须竭尽所能地去帮助和爱护他们。

"安全感"的本质是"适应"

人类的各种能力都是在社会情感的基础上发展起来的。想象一下,如果没有社会情感,那我们的理解和逻辑能力将处于怎样一种状态?离群索居的人不需要讲究逻辑,所以他就算有些逻辑能力,也不会比动物强多少。语言能力和思维能力对人类而言,无疑是非常重要的,社会情感对这两种能力的发生和发展起到了决定性的作用。社会情感支撑我们的整个生活,让我们在危险重重的环境里获得了一定的安全感。

我们是怎样认识世界的

心灵最基本的能力，就是认识和适应外部环境。从出生那一刻起，我们就开始认识环境，并通过这种认识，慢慢以某个确定的目标为中心，建立起一种理想的行为模式。现在还没有哪个专业术语可以清晰准确地概括心灵活动的这一过程，但它的存在是确定无疑的。心灵会有这样的表现，和人类内心的不安全感、无力感密切相关。

一切心灵活动，都发生在目标确立之后。适应能力和在某种程度上自由行动的能力，是目标得以确立的基础。其中行动能力更是有着不可估量的价值，它能让心灵变得更加丰富多彩。婴儿在站起来的那一瞬间，看到了一个截然不同的世界，与此同时，也感受到一种强烈的不安全感，虽然他不知道这种感觉由何而来。婴儿在最初的努力中，尤其是学习走路时，遇到的各种阻碍，也许会让他变得愈发顽强，但也可能让他一蹶不振。有些事，大人觉得无关紧要，却可能对孩子的心灵产生巨大冲击，要知道，孩子就是从这些小事开始认知世界的。曾经不良于行的孩子，往往会爱上那些激烈的、速度型的运动。这不难发现，只要问问他最喜欢什么游戏，或者以后想做什么就可以了。他通常会说，"我长大以后想开飞机"或者"我长大以后想开火车"，这充分证明了他对自由行动的渴望。他的人生目标就是通过迅疾完美的行动，消除心里的自卑感和障碍感。发育缓慢和体弱多病的孩子，很容易出现这种自卑感与障碍感。同样，有视力障碍的孩子更喜欢用眼睛来了解世界，有听力障碍的孩子更喜欢用耳朵来了解世界，他们喜欢听音乐，听那些快乐的调子。

在认知世界的过程中，孩子会调动起所有的身体器官，尤其是感觉器官。可以说，孩子和世界最初的联系，完全是通过感觉器官建立起来的。人们通过感觉器官建立了自己的世界观。在所有的感觉器官中，眼睛毫无疑问最为重要，因为人们更倾向于用眼睛来观察世界。视觉带给我们的冲击力是一切感觉都比不上的。在我们睁开眼睛的那一瞬间，就被眼前的事物深深地吸引了。就这样，视觉印象成了人们吸取人生经验最主要的工具。相比于听觉、味觉、触觉、嗅觉，视觉的重要性无可比拟。因为前者有效刺激的时间非常短，而后者却能将身边的世界以图像的形式，烙进我们心里、脑海里。这种印象毫无疑问是很难消退的。当然，总有一些例外。有些人占主导地位的器官是耳朵，主要靠耳朵收集信息，心也是听觉型的。还有一些人占主导地位的器官是运动细胞、味蕾或鼻子。所有人中，嗅觉极端敏锐的人，相对来说更少一些。以肌肉系统为主导器官的孩子，自小就非常活跃，他们总是无法安静下来，表现出了焦躁、好动的特质。这样的人喜欢那些使用肌肉群的活动，连睡觉都要翻来翻去、动个不停。需要注意的是，那些看起来总是"坐立难安"的孩子也属于此列，换言之，多动并不像人们以为的那样是一种恶习。如果孩子没有通过强化某种器官或器官系统（感觉器官、运动器官皆可），以增强自己和这个世界的联系，那么他根本活不下去。每个人都是通过自己较为敏感的器官来认识这个世界的。对外部的世界的整体印象，是世界观形成的基础。这样看来，我们若想了解一个人，完全可以先弄清楚他占主导地位的器官或器官系统（他认知世界的首要工具）是什么，然后通过对这个器官的了解，而在一定程度上完成对他的了解。想要了解某个人行为与反应的动机，只要弄清楚，他某方面的器官缺陷在他童年期世界观形成的过程中产生了怎样的影响即可。

心灵的目标，是与外部环境相适应

所有心灵活动都围绕着同一个目标，这是心灵最显著的特征。心灵虽然是一个整体，但它的内部元素却一直在发生变化。和外部环境相适应是这个整体的努力方向和行为原则。每个人心里都有这样一个目标，它引导了人类的所有行为。目标决定了心灵的状况和未来的发展。正是因为有一个恒定的目标在约束、引导、修正和推动人心里的各种活动，人才能思考、认知、做梦、有各种追求。每个人都想适应环境，对环境做出正确反应。前面我们说过，适应环境、消除不安全感是人类身体和心灵的一项基本能力，事实正是如此。所以，每个人都会给自己制定一个心灵目标。想让心灵健康发展，最直接有效的办法，就是给自己树立一个能带来蓬勃生命力的终极目标，这个终极目标可以是恒定不变的，也可以是不断变化的。

由此看来，所有心灵活动都有一个共同的目标——适应未来的环境。事实上，人心里只有一样东西，就是追求某一特定目标的力量，除此之外，什么都没有。

毫无疑问，人与自然、社会、宇宙的紧密联系决定了目标设立。所以，有时候我们会觉得心灵像被某些严苛的法则紧紧地束缚住了，这理所当然。但这种貌似客观存在的法则，却无法约束那些将自己隔离在社会之外、否认自己和社会之间关系，以及与社会为敌的人。这种人会根据自己的新目标树立新的规则，以取代上述规则。同样，没有生活目标、不愿意和其他人建立感情联系的人，也不受社会生活普遍法规的制约。所以，我们必然可以得出这样一个结论：目标是心灵活动的起点。

反过来，我们也可以根据一个人的行为来推断他的目标。很少有人能真正了解自己的目标，所以这一步非常重要。另外，从专业的角度看，根据行为推导目标，也是深入研究人类的至关重要的一步。不过这样做难度极大，因为同一种行为往往有多重含义。好在这个问题并非无法解决，我们可以根据目标对象的各种行为做一个对照表。具体方法是，找出两种与他当前态度密切相关的行为，根据时间差异，将这两种行为以点的形式表现出来，最后连点成线。这种方法可以让我们对当事人的人生脉络和性格特点有一个整体的印象。

接下来，我们通过一个例子说明儿时的生活方式和成人后的生活方式，二者之间有什么联系。

一个男人，三十多岁，事业发展得很好，却有些性格方面的问题——攻击性很强。他自己也知道这个问题，所以到医院找心理医生帮忙。他告诉医生自己不想工作，觉得生活毫无乐趣，说自己对未来的生活没有信心。虽然他刚刚和一位美丽的女士订了婚，却还是觉得生活没有乐趣。他每天都很消沉，任何事都无法让他提起兴致。而且，他不知道自己为什么会有那么强烈的妒忌心，这让他非常痛苦。他消沉的情绪和攻击性，已经影响了他和未婚妻之间的关系。所有人都觉得他的未婚妻完美无瑕，他的嫉妒根本毫无来由。这样看来，他对未婚妻的不满只能是他自己的原因。事实上，这样的人我们在生活中经常遇到：每次他发现自己对别人产生好感，一种较为亲密的关系即将被建立起来时，他就会做一些莫名其妙的事，从而毁掉这段关系。

接下来，我们用之前提到的图表法分析一下这个人的生活方式。首先，要找一件和他当前态度有关的事。经验告诉我们，这件事必须来自他的最初记忆。想要确定童年记忆的价值并不容易。男人表示直到现在，他还对童年的一段经历记忆犹新。有一天，母亲带他和弟弟去菜市场买菜，市场里摩肩接踵，到处都是人，叫卖声、音乐声、讲价声响成了一片。母亲把他抱起来，可很快又放下了。原来母亲想抱的是弟弟，刚刚只是抱错了人。他当时只有四岁，被身边的大人挤得脸都变形了，他很害怕，不知道该怎么办。诉说这件事时，他的口吻既忧伤又气恼。由此可知，他不确定母亲爱不爱自己，母亲对弟弟的爱伤害了他的感情。我们可以从他的这段经历中看到他当前的性格特征。当心理学家把他当前的状况和他儿时的经历联系到一起时，他马上意识到自己的问题出在哪儿了。

每个人都有一个终极目标，它是所有行为的引导者。至于我们会选择怎样的目标，就要看儿时生长环境给我们留下了怎样的印象和影响了。在孩童成长的过程中，这些影响和印象会让他迅速建立起自己的人生态度和独属于自己的行为模式。也就是说，人在几个月大的时候，就已经对自己的理想状态（也就是目标）有了初步的认知。婴儿虽然只能用最原始的方式表达个人意愿，但他的心灵活动已经开始了。总之，人从降生那一刻起，心灵就开始接受外部环境的影响，此时形成的心灵目标极为坚定，即使之后的生活发生再大的变化，它也不会轻易发生改变。

每个人目标的确立都会受到社会的影响，这种影响甚至可以说是决定性的。我们从小就生活在社会的束缚中，竭尽所能想要找到一种既能与外部环境相适应，又能保证自身安全的理想状态。孩子可能很小的时候就知道要在现实中做到哪一步才获得真正的安全。注意，我们这里说的安全更趋向于安稳和舒适，和逃离险境的那种安全是两回事，就像机器必须在安全系数内才能以最佳状态稳定运行一样，是一种普遍意义上的安全系数。只能满足生存需求的安全对孩子来说远远不够。他还有控制他人、超越他人的愿望需要实现。大人想打败所有对手，孩子也一样如此。优越感可以帮助孩子实现早已确立的两个目标：获得安全感，证明他有强大的适应能力。所以，他会想方设法获得优越感。但是与此同时，优越感也能带来不安全感，因为以竞争的态度面对生活，你会发现对手无处不在，所以优越目标越明确，随着时间的流逝，内心的不安全感就越强。

性格是适应社会的模式

什么是性格？在这里，或许可以解释为人在适应外部环境的过程中所表现的一种特殊的风格。性格是一种社会概念，产生于个人和外部环境的相互作用中。所以不要问鲁滨孙[1]的性格特征是什么，这个问题毫无意义。性格是一种心灵现象和态度，是个人在与外部环境接触时表现出的品性和涵养。性格也是一种行为模式，是个人发展社会感、追逐优越感的依据。

就像我们知道的那样，有些人把占据优势地位、获得权力、超越他人当成了自己的人生目标，并在这一目标的激励和指引下前进。这个目标决定了他将如何看待这个世界，遇到问题时将采取什么样的应对方式，他的所有心灵活动由这一目标所引导，带有明显的个人特色。性格是行为方式和生活方式的外在体现，所以我们知道一个人的性格特征，就能大概了解他

---

1 鲁滨孙·克鲁索，英国作家丹尼尔·笛福所著《鲁滨孙漂流记》里的主角，他遭遇海难漂流到一个偏僻荒凉的热带小岛上，在那里生活了整整28年。

将以何种态度对待外部环境、朋友、社会和生存压力。从某种意义上讲，性格其实也算是一种生活技能，因为总体人格正是以性格为工具，来获得他人认可、占据优势地位的。

　　性格并不像人们以为的那样，完全是天生的或遗传的。除了有一定遗传因素的影响，它其实和生活模式一样，都是后天养成的，有一定的独特性。性格让我们遭遇任何阻碍都能按部就班地继续生活，因为它有延续过往的生活习惯的作用，和遗传没有绝对的关系。举个例子，没有哪个孩子生来就懒，有的人之所以懒，是因为懒惰既能让他获得优越感，又能让他活得轻松自在。换句话说，懒惰是他追逐权力的态度和方式。再比如，有的人喜欢在公开场合展示自己的缺陷，说："唉，太可惜了，我要是没有这样的不足，早就功成名就了。"很明显，他们是想用这样的办法挽救自己被失败挫伤的尊严。还有一种人权力欲极强，从未停止过和自己所处的环境达成和解，在追逐权力的过程中，好斗、妒忌、怀疑成了他主要的性格特征。这些性格和人格一样，不是先天遗传的结果，具有一定的可塑性和可逆性。研究表明，行为模式是性格特征的基础，新生儿表现出来的性格特征，不是原始因素，而是在某种隐藏目标引导下产生的次生因素。所以想要确定一个人的某种性格特征，就得弄清楚诱导其产生的隐藏目标是什么。

　　人生目标对个体的生活方式、行为方式和世界观，有着至关重要的影响。我们的一举一动和所有心灵活动都是在人生目标的引导下产生的。

在我们的成长过程中，总要遇到各种各样的难题，解决难题的过程可以提升我们的价值感和优越感，学会生存和适应环境的技巧。每个人追逐优越感、适应环境的方式都不一样。我们通过学习、效仿身边那些成功者、权威者、受人尊敬者的言行举止、思维方式，来提升自己的生存技巧。所以，孩子的性格和父母的性格才会有一定的相似性。很多人以为性格相似是遗传的影响，其实是效仿、学习的结果。人通过模仿他人的行为和被公众认可的行为，形成自己的性格。

父母家人和学校里的老师教会我们如何评价人性，如何分辨是非善恶，却没告诉我们如何改正自身的观念。我们只能带着原型（个体的早期个性）中的错误在人世中饱受折磨，儿时的偏见像铁律一样左右着我们的言行举止。不知何时，我们才能勘破文化的迷雾，触及事物的本来面目。总之，我们对事物做出的种种解释，都是为了提升个人形象、增加权威感，更好地适应现实环境。而性格，正是人在适应外部环境的过程中表现出来的一种特殊行为模式。

人最根本的能力——社会情感

无论男女老幼，几乎所有人都有和他人建立联系的愿望，都想通过合作履行自身职责、提升自己在社会生活中的价值。心理学术语"社会情感"，指的就是这种现象。关于社会情感的根源，人们虽然有各种各样的说法，但有一种新观点貌似更符合现实情况，就是它和人类的定义密切相关。

众所周知，人类一直过着群居生活。达尔文发现，那些没有被大自然赐予强大的进攻和防守能力的动物，因为无法独力在自然界中生活，只好以群居的方式弥补身体上的不足。比如，大猩猩和猴子虽然都是灵长目，但前者因为体型健硕，攻击力强，通常和配偶独自生活，而后者因为身形单薄力量有限，则以家族的方式群居而生。

群居的好处不只表现在弥补个体力量的短板上，更重要的是，它可以创造出新的生活方式，带来更安全的生活环境。比如，猴群休息时，会派几只猴子在外围站岗放哨，行动前会派几只猴子去前边探路，确定有没有危险。如此一来，个体的力量和集体的力量就结合到一起，即使是弱小的成员也有用武之地，个体缺陷也就不明显了。水牛也会以集体出行的方式来应对力量强悍的敌人。

在这方面，动物学家有一个发现，就是群居动物会建立某种类似于法律的规定，如果外出巡逻的动物没有按照规定的方式行动，出了问题，它就要接受族群的惩罚。值得一提的是，历史学家在古老的法典中发现了一些专门针对守望者的规定，这非常重要，因为如果这件事是真的，那集体概念就很容易理解了。所谓集体，其实是一种生活方式，是个体力量不足以自保的动物的本能选择。所以从某种意义上讲，个体力量越强悍的动物，社会感越弱。所以，幼儿阶段最适合培养个体的社会感，因为那个时候他力量最弱，要经过漫长的成长期才能发育完全。

还有什么动物的幼崽像人类幼儿这样，需要十几年时间才能发育完全吗？人类生长缓慢是由我们的生理结构决定的，不是因为我们要学多少东西才能长大。孩子的生理特点，要求父母必须长时间地陪在他们身边，只有这样，人类的血脉才能延续下去。处于生长期的儿童，力量和身体都十分弱小，是培养社会感情的最佳时机。

在我们的道德体系和教育体系中，有些观点之所以被否定，完全是因为它们对社会的发展没有任何好处。任何伟大的成就和能力，都必须放在社会生活中才有意义，只有在社会情感的推动下，积极参与到社会活动中才能实现。

比如语言，离群索居的个人根本不需要语言。人是为了满足集体生活的需要，才创造了语言。语言就像一座桥，将个人和集体连在一起。正是因为人们生活在一起，才有了语言的产生。只有一个人的世界是不需要语言的。在与世隔绝的环境中，养不出能言善辩的孩子。封闭的环境，会阻碍甚至抹杀孩童语言能力的发展。

不会说话、不善沟通的孩子，大多有社会感不足的问题。有时孩子学不会说话，和父母的溺爱大有关系，因为他根本无须开口，父母就满足了他的所有需求。这样一来，他还有说话的必要吗？他的沟通能力和适应社会的能力都会受到严重阻碍。

有些孩子从来没在父母面前完整地表达过自己的意愿，因为父母没有给他这样的机会。他越是没有表达的机会，语言能力的发展就越滞后。还有一些孩子，每次说话都会遭到嘲笑和讥讽，时间一长，他就再也不愿意说话了。不停地给孩子挑毛病，是一种非常糟糕的教育方式。如果孩子总是被否定，他会觉得自己一无是处，什么都做不好，越来越自卑。有的时候，我们在生活中会遇到这样一种人——每次开口都先说一句："你们别笑啊……"单是这句话就足以证明，他小时候经常被人嘲笑。

人类的各种能力都是在社会情感的基础上发展起来的。想象一下，如果没有社会情感，我们的理解和逻辑能力将处于怎样一种状态。离群索居的人不需要讲究逻辑，所以他就算有些逻辑能力，也不会比普通的动物强多少。语言能力和思维能力对人类而言，无疑是非常重要的，社会情感对这两种能力的发生和发展起到了决定性的作用。社会情感支撑我们的整个生活，让我们在危险重重的环境里获得了一定的安全感。

人在四五岁时，就已经完成了对自身所处环境的认知，之后他会按照固定的行为模式和既定的目标一路前行。在这个多姿多彩的世界里，他只能看到他所关注的东西。他不会做任何与他行为模式不符的事。这样看来，社会感的强弱决定了一个人的眼界。

糟糕的自我否定

　　一个连自己都不相信的人，又怎么会相信别人呢？多疑的人往往也是嫉妒和贪婪的。这样的人绝不会向往人群，他们不愿意和其他人分享快乐，也感受不到其他人的快乐。不仅如此，其他人的快乐还会给他们造成极大的痛苦，所以他们希望其他人遇到困难。他们中的一些人，也许会通过某种非常有效的方式获得优越感，并努力维持，比如建立一种复杂的行为模式，掩藏心里的敌对情绪，等等。

你为什么失眠

个人的主要性格特征，和他儿时心灵的发展方向一定是相符的。心灵的发展既可以是直线，也可以是曲线。一开始，孩子必定直奔目标而去。在这个过程中，他会形成积极勇敢的性格，事实上，每个人最原始的性格都带有积极上进的直线特征。可是，每个人的成长都要遭遇各种各样的困境，一些难以逾越的阻碍会严重损害孩子的优越感。碰壁的次数多了，孩子会意识到直线前进非常困难，他只能选择退缩或绕路，于是直线变成了曲线。就这样，孩子的性格特征发生了变化。

偏离直线的程度，直接影响了个人的总体发展。有些人变得非常谨慎乃至胆小懦弱。有的人非常自信，觉得自己无论怎么做都能达到生活的要求。有的人非常自卑，觉得自己无论怎么做都与生活的要求不相符合。后者失去了承担使命的勇气，丧失了解决问题的信心。因为太过胆小总是谎话连篇，甚至不敢正视别人的眼睛。他的性格发生了翻天覆地的变化，再也找不回最初的勇气。有一句话叫作殊途同归，也就是说从不同的路可以走向同一个终点，所以非常怯懦的人和非常勇敢的人，目标也许是一样的。

对孩童成长规律一无所知的父母，在教养孩童时很容易犯错。有的父母为了建立自身权威，对孩子非常严厉，却不知道这很容易让孩子的性格发生偏离，变得沉默寡言、自卑怯懦。在这种情况下，孩子为了逃避惩罚只好编一些谎话。强迫是一种错误的教育方法，会让孩子把自己的真实感受和想法压入心底，以虚假的服从来应对父母。周围的环境和儿时遭遇的阻碍，将直接影响孩子的内心世界和总体人格。孩子还没有足够的能力去分辨外部世界的影响，作为父母的大人虽然有这样的能力，却对这些影响茫然无知或视而不见，这实在是一件非常遗憾的事。孩子不得不直面各种阻碍，在重重的打击和压力下，逐渐形成自己的人格。

按照人在困境面前的表现，性格大致可以分成乐观和悲观两种。乐观的性格通常是直线发展的结果。拥有这种性格的人能够勇敢地面对一切困难，他们乐观自信，活得悠然自在。他们易于满足，能够准确地评价自己的能力，既不过分高估，也不严重低估。就算曾经做出了错误的选择，也不允许自己一直活在悔恨中。所以乐观的人比怯懦的人更能以平和稳定的心态面对生活中的种种困难。他们相信生活中没有战胜不了的困难，就算是最危险的处境，也一定有转危为安的机会等着他们去发现和挖掘。

我们很容易就能通过一个人的言行，确定他是不是乐观主义者。乐观的人敢说敢做，有礼有节。若是用一个形象的说法来描述他们，应该是："乐于张开双臂，拥抱每一个朋友。"乐观的人没什么戒心，或者说戒心很少，总是一副热情亲切的样子，走到哪儿都能交到朋友，无论当时的环境有多险恶。他们有什么说什么，行为举止自然随意，连走路都带着一股积极热烈的劲头，从不矫揉造作、惹人厌烦。

悲观的人和乐观的人刚好相反。他们对困境的感受更加敏锐，很容易失去勇气和安全感。强烈的不安全感让他们备受折磨。他们渴望得到他人的帮助。这种渴望十分强烈，我们可以清晰地从他们的行为中感受到。他们不敢独处。小时候，只要妈妈不在身边就哭闹不休，非要妈妈守着自己。有些人直到变成了满脸皱纹的老人，仍旧清晰地记得这种哭闹的感觉。

悲观的人总是一副忧郁和怯懦的样子。他们非常谨慎，为了一点点可能存在的危险翻来覆去、前思后想。悲观的人大多有失眠的问题。睡眠其实是权衡个人发展情况的最佳标尺。一个饱受不安全感折磨、谨小慎微到懦弱的人，怎么能睡得安稳香甜？他们像是为了躲避危险，一直处于戒备状态，连睡觉的时候都不敢放松警惕。他们对生活的理解，只停留在最浅层的生存状态，这样的生活还有什么乐趣可言。如果事实证明他们的忧虑是对的，生活当真像他们想象的那样糟糕，那睡眠对他们来说就会变成一件没有必要的奢侈品，他们的睡眠质量只会更糟。

从横冲直撞到谨小慎微

有些人害怕时会躲起来；有些人害怕时会冲出去，将心里的恐惧变成行动上的进攻性。在困境面前，进攻型的人会通过强悍、残酷的行动来压制心里的忧虑和恐惧。有些进攻型的人会竭尽所能隐藏甚至抹杀心里的柔情，因为他们认为只有懦弱的人才会表现出温柔的一面。为此，他们把自己扭曲成了一副粗暴、冷血的样子。这样的人如果还兼具悲观倾向，那他们就再也无法和周围的环境和平共处了。既没有同情心又没有合作能力的人，将与整个世界为敌。

通常来说，这样的人还有狂妄自大的性格特点，因为他们倾向于高估自己。他们总是扬扬自得，好像自己当真是成功者。可是他们装腔作势的浮夸作风很容易就能被人看透，这就像是在流沙上盖房子，外表再巍峨雄伟，也改变不了它没有根基的事实。他们和世界格格不入，所有的性格缺陷都暴露无遗。他们把进攻当成了获得优越感和他人认可的有效手段，所以，想要消除这种态度并不容易。更糟糕的是，在进攻无效时，他们的攻击力只会越来越强。

这种人在社会上的发展通常都不太顺利，因为没有人喜欢被暴力对待。他们为了实现自己的优越目标而努力奋斗。可是他们的行为很容易激起别人的竞争意识，谁能心甘情愿地低人一等呢？于是，他们发现自己的生活就像一场永不停歇的战争。过往胜利带给他们的所有快乐，都会在失败到来的那一瞬间灰飞烟灭。他们无时无刻不在为可能遭遇的失败忧心忡忡。在无休无止的竞争中，没有人能够永远获胜，失败终将到来，可是他们又有足够的能力东山再起、卷土重来吗？

前行道路上的阻碍、难以战胜的困难，会让这种类型的人从进攻走向防守。防守型的人，总觉得自己受到了别人的侵犯，所以把自己放在了防守的位置上，用忧虑、戒心、懦弱弥补缺乏安全感的问题。这种性格的出现，和之前描述的进攻型性格有很大关系。进攻型的人因为前行路上的阻力过大或过多而转变成防守型。防守型的人很容易丧失信心，被困难吓到，因为悲观情绪很容易让他们得出前途无望的结论。有时，他们会说自己的退让只是为了更好的进攻，以此来掩饰心里的懦弱和能力上的不足。

这种人为了逃避现实生活中的各种困境，有时会任由自己沉迷于想象和回忆的世界。虽然有些人在放弃了所有的进取心之后，仍然能为社会做出一些贡献，比如那些用想象帮自己创造一个理想世界的艺术家。理想世界没有任何阻碍，可以让人逃离现实生活中的各种苦恼。只是防守型的人很少能做到这一点。在困难面前，防守型的人通常不会殊死抵抗，他们会妥协退让，而且是一退再退。他们一直生活在恐惧之中，害怕所有的人、所有的事，因为对他们来说，这就是一个充满危险且只有危险的世界。

　　一个胆小怯懦、永远都在后退的人，在人类社会必然会受到排斥和抵制。在这种情况下，他越是逃避，处境就越糟糕，他的防御态度由此越发坚定，这是一个恶性循环。于是，他很快就对人性的美好和光明的生活失去了信心。这种人从不掩饰自己对外界的批判态度，这是他们一个非常典型的特征。这种态度发展到最后，他们甚至会把所有注意力都放在挖掘他人缺陷上，就像一架在这方面非常灵敏的机器。他们从不为身边的人提供帮助，却像法官一样，对别人的缺陷挑三拣四，给别人制造麻烦。他们怀疑一切，无时无刻不在焦虑、犹疑。这样的态度严重阻碍了他们的工作进度，给人一种他们根本就不想工作的感觉。如果要描绘这种人的形象，应该说是：一只手摆出防御的姿势，一只手捂着眼睛，以免真的看到什么恐怖的危险。

　　这种人还有一些性格特点，非常惹人讨厌，比如多疑。一个连自己都不相信的人，又怎么会相信别人呢？就像我们知道的那样，多疑的人往往也是嫉妒和贪婪的。这样的人绝不会向往人群，他们喜欢离群索居、独自生活，因为他们不愿意和其他人分享快乐，也感受不到其他人的快乐。不仅如此，其他人的快乐还会给他们造成极大的痛苦，所以他们希望其他人遇到困难，不管这个人和他们有没有关系。他们中的一些人，也许会通过某种非常有效的方法获得优越感。他们会想方设法维持这种优越感，比如建立一种非常复杂的行为模式，掩藏心里的敌对情绪，等等。

"虚荣"的实质，是自我否定

获得他人认可的欲望如果强烈到一定程度，就会让人的心灵处于紧绷状态，不断强化追逐权力和优越感的人生目标。他会斗志昂扬地朝着这个目标不断努力，把对成功的渴望变成自己人生的主旋律。这种人每天想的都是别人对自己的评价，生怕别人对自己印象不好，却对生活本身漠不关心，和现实生活脱节几乎是必然的结果。这种生活方式会极大地限制他的行动自由，贪慕虚荣成了他最明显的性格特征。

虽然每个人或多或少都有一些虚荣心，但明目张胆地显露自己的虚荣，对任何人来说都不是一种明智的做法。为了掩饰虚荣的真面目，我们给虚荣戴上了各种各样的面具，比如谦虚，谦虚就是虚荣的面具之一。有些虚荣心强的人，从不接受他人的意见。还有一些人因为虚荣，对他人的认可需索无度，并以此谋求私利。

过分虚荣会让人做很多没有意义的事，让人为了一些肤浅的、无谓的目标拼尽全力。更糟糕的是，虚荣会让人把所有的注意力都放在自己身上，即使偶尔想一下别人，考虑的也是他人对自己的评价。一个用这种心态生活的人，永远跟不上现实的脚步，也无法对人和人之间的那种难以避免的复杂联系做出正确的理解。一个人如果曲解了自己和现实生活之间的关系，又怎么能正确履行自己的基本职责，把自然和世界对他提出的基本要求放在心上？我们再也找不出哪种性格特征比虚荣更能阻碍个人的自由发展了。

在孩子身上，我们可以看到虚荣最早的形态。虚荣的孩子经常会有这样的表现：为了证明自己的勇气，故意做一些危险的事；在更小的孩子面前，显示自己的力量；用残酷的手段虐待小动物。这样的孩子已经在一定程度上出现了自信心和勇气不足的问题，所以只用一些稀奇古怪的小手段，来满足自己的虚荣心和优越感。他们不敢出现在人生的主战场上，只敢在这种偏僻的小角落里肆无忌惮地扮演英雄角色。开口闭口全是生活艰难、命途坎坷的人，也属于此列。他们的牢骚和抱怨不过是在告诉大家，我之所以一事无成，完全是因为遇到的阻碍太多、没有接受良好的教育。这种人虚荣心很强，又不敢接受现实生活的考验，他们除了给自己的失败找借口，再编织一些功成名就的美梦，还能如何呢？

普通人很难和贪慕虚荣的人建立长期的友好关系。因为贪慕虚荣的人从来不敢承担失败的责任。对他们来说，一切失败都是别人的过错,与自己一点关系都没有。可是在现实生活中,重要的往往不是谁对谁错,而是有没有达成目标,有没有为他人和社会贡献自己的力量。贪慕虚荣的人不是在指责他人或命运,就是在给自己找借口,根本想不到贡献的事。

　　社会生活对虚荣心的发展进行了强有力的打击。贪慕虚荣的人很少能雷厉风行地完成某件事,因为他们不相信自己的能力,却又太重视成功,所以总是表现出一副瞻前顾后、犹豫不决的样子。过分的迟疑很容易让人错失良机。就这样,他们一次次和大好的机会失之交臂,青春年华匆匆而逝。等到垂垂老矣,贪慕虚荣的人只能找各种借口怨天怨地,说自己时运不济,说老天没给他们展示才华的机会。

　　虚荣的人大多有这样的人生经历:先找一个可以在某种程度上摆脱一般规则限制的特殊位置,以拉开和主流生活之间的距离,再用冷漠和戒备的眼神观察其他人的生活。对他来说生活只有两种状态,一种是进攻,一种是防守,因为他把除自己以外的所有人都当成了敌人。他经常在各种选择中摇摆不定,总觉得每种选择都有一定的道理。持续不断地谨慎思考,让他误以为自己掌握了真理。可是这种没有结论的思考,只能让他错失良机,远离社会生活,遗忘社会生活交给他的基本职责。

　　虚荣有很多面具。有些人为了证明自己节俭朴素,会故意穿一些邋遢破旧的衣服。有一个小故事很有意思，说是苏格拉底看到一个年轻人穿着破烂的衣服上台演讲，就对他说："来自雅典的年轻人，你衣服上每一个破洞后面都有一只名为虚荣的眼睛在向外张望。"

有些贪慕虚荣的人会做出一副世外高人的样子，轻易不参加社交活动。面对他人的邀约，他们不是拒绝就是迟到，非要主人再三邀请，才摆出一副施恩的样子，点点高傲的头。还有一些人只在特定的情况下才参与社交。这对他们来说是一种好习惯，可以彰显自身的不同寻常。对我们来说，却是一个明晃晃的指示牌。只要看到它，就能知道这个人有多虚荣。

每个贪慕虚荣的人都把超过世界上的其他人，当成自己的人生目标。可惜这个目标，他们注定一辈子都实现不了。树立这种目标的人，会有强烈的无力感和欠缺感。由此，我们或许可以得出这样一个结论：虚荣心越强的人，自我价值感就越低。有些人知道自己是因为无能才有各种虚荣的表现。可是如果不能就此转变自己的行为和态度，知道又有什么意义呢？

贪慕虚荣的人大多不太成熟，因为虚荣含有一些天真的成分。虚荣的产生一定是在人的童年时期。虚荣的诱因有很多。举例来说，首先，孩童都是非常敏感和脆弱的，这很容易让他们产生自己十分弱小或不重要的感觉，这个时候，如果父母没有进行正确的引导，随着压力的增加，他们就会生出强烈的虚荣心。家庭环境也是一个非常重要的因素。在有些家庭中，父母把自己视为高高在上的贵族阶层，并以此为傲，如此一来，孩子自然也容易形成目空一切的态度。我们很容易就能发现，这种态度背后隐藏着一种隐秘的想法：我和所有人都不一样，我的家庭也比其他家庭更优越。在这样血统高贵的家庭出生长大，自然要成为社会的特权阶层了。

现实生活中，确实会有一些人把追逐特权当成自己的人生目标，并以此来约束自己的言行举止。可是没有人喜欢屈居人下，追逐特权只会遭到他人的攻击和敌视，能够走到最后的人少之又少，于是，他们中的大部分人都成了古怪的避世者。只要不和别人接触，他们就无须履行自己对他人的义务，不用直面现实生活，可以继续自欺欺人对自己说"只要如何如何，我就能成为一个伟大的人"，只有这样，他们的傲慢态度才能延续下去。

贪慕虚荣的人大多有否定情结，因为贬损他人可以让他们产生自己更加优秀的错觉。他们不能接受大众对其他人的认可，因为这等于是在羞辱他们的人格。这种性格特征清楚地表明了在贪慕虚荣者的人格中，软弱感和无力感是一种多么强烈和难以消除的感受。

发展到一定程度的虚荣心，就像一座难以卸下的高山压在人的肩头，它会严重阻碍健全人格的形成，让人在失败的道路上越走越远。很多人都把雄心壮志当成一种良好的品质，殊不知，雄心也是戴着面具的虚荣，只会打破人心底的宁静，让人因为看不到希望而备受折磨。

下面这个例子刚好可以说明这一点。一个二十五岁的年轻男人，在期末复习的时候，忽然对所有学科都失去了兴趣。他不想复习，情绪很差，觉得自己没有任何价值。这种想法在他脑袋里盘旋不去，让他备受煎熬，最终只能放弃考试。说到自己的童年，他对父母满怀怨言，觉得父母的忽视阻碍了他的成长。他觉得所有人都没有价值，包括他自己。他相信自己和其他人之间没有任何联系。这样一来，他就有了远离他人和社会的借口。

为了保证自己的虚荣心不受任何伤害，他找各种借口逃避那些能够检验他能力的考试。在期末考试来临之际，他忽然对自己的能力失去了信心，这只会让情况变得更糟。他非常焦躁，巨大的精神压力让他不堪重负。他不能再参加考试了。这一点非常重要，因为只要不参加考试，别人就无法知道他的真实能力，他的人格感和价值感就不会受到伤害。他像是得到了一把保护伞，将他从恐慌和焦虑的情绪中解救出来，以后他可以用这样的说法来安慰自己了：要不是因为生病、因为命不好，我早就功成名就了。逃避考试，毫无疑问也是虚荣的一种表现方式。他不相信自己的能力，害怕考试失败会暴露他的真实能力，让他名声扫地，所以他根本不敢接受任何挑战和考验。这样看来，过度的虚荣会让人失去迎接挑战的勇气，养成遇事逃避的不良习惯。

我们经常能在那些对自身能力和判断力没有信心的人身上，看到这种逃避的态度。案例里的这个男人就是这种情况。他是家里的长子和唯一的大学生，下面有四个妹妹。家人把所有希望都放在了他身上，无时无刻都在关注他的需要。父母对他说的最多的话，就是你一定要好好学习，将来出人头地，做人上人。可谓是循循善诱，苦口婆心。所以，超越世界上的所有人就是他唯一的人生目标，他无时无刻不在想着这件事。可是现在，他不知道自己能不能达成所有家人的殷切期待，觉得非常焦虑和不安。就在这时，虚荣告诉他，还有一条退缩的路可以走。

贪慕虚荣者喜欢用想象为自己创造一座陌生的城市，然后去那座城市中，寻找一栋自己想象出来的建筑。如果他找不到这座城市，那一定是现实出了问题，虽然现实根本没有进入过他的生活。贪慕虚荣的人和自私自利的人，基本都是这样生活的。他们不管和谁来往，都把强权压迫、背信弃义、阴谋诡计，当成维护个人原则、达成个人目标的有效手段。他们总想抓住别人的错处，证明其他人的不足，为此密切关注着身边的种种状况。最能让他们感到快乐和满足的事，就是证明自己比其他人更优秀、更聪明。当然，总有些人会向他们发起挑战，并获得最后的胜利。可是，再客观的失败也抵挡不住贪慕虚荣者层出不穷的托词和借口，他们永远不会承认自己的失败，只会自欺欺人地对自己说："我是最优秀的，我不可战胜。"

其实，这都是一些不值一提的小手段，可是所有人都能用这样的小手段通过想象获得自己想要的一切。案例中的这个年轻人就是这样发展的。如果不是站在错误的角度上看待问题，把考试当成了检验个人能力、决定个人命运的唯一途径，他怎么会如此夸大自己的缺陷，甚至为此放弃了通过努力读书获取知识，通过考试核查疏漏的常规道路。虚荣的人会把自己身边的每个人都当成竞争对手，连随口说出的一句话都要分出对错高下。毫无疑问，这是一场没有止境的战争。贪慕虚荣的野心家和幻想家，总有一天会因为新的困境失去真正的人生幸福。

犯罪的根源，是合作能力匮乏

我们必须承认所有的犯罪者和精神病患者都有一个共同的问题，就是社会感匮乏，把所有的注意力放在了自己身上，对其他人漠不关心。完美无缺的合作能力和社会感并不存在，犯罪只是缺乏合作精神的极端表现。想要深入了解犯罪者、避免犯罪行为，我们首先要有这样的认识：犯罪者和普通人一样，都想战胜困难，将理想变成现实。

在通往目标的道路上，奋斗后的每一次成功都有助于我们提高个人评价。杜威教授[1]说这是对安全感的追逐，确实如此。还有人说这是对自我保护的追逐，也有道理。但不管我们如何称呼它，有一点是肯定的，就是每个人都在竭尽所能地从失败走向成功，从卑微走向高贵，这是人类的生命主线，从生到死，莫不如此。所以，千万不要因为犯罪者身上也有这样的倾向（战胜困难，将理想变成现实），就大惊小怪，那再正常

---

[1] 约翰·杜威（John Dewey，1859—1952）：美国哲学家、教育家，实用主义的集大成者，代表作《哲学之改造》《民主与教育》。

不过。事实证明，犯罪者也想获得优越感，也在为了战胜困难而努力奋斗。和普通人相比，他们不是没有追求，而是追求的目标发生了偏离。他们之所以会犯下这样的错误，是因为他们对社会生活的需求一无所知，对同伴漠不关心，合作能力极端低下。

很多人都对以上观点持反对意见，认为犯罪者是和正常人不一样的特殊群体。比如，有些科学家曾经公开表示犯罪者的智力水平普遍低于正常人。有些人把犯罪行为归咎于遗传，说犯罪分子有犯罪的遗传基因，命中注定要走上犯罪的道路。还有一些人说外部环境是犯罪行为的决定性因素，一个人只要犯了罪，就永远都不会改好。这些观点毫无疑问全都是错的，我们有足够的证据可以证明这一点。更重要的是，如果我们承认了这些观点，犯罪问题就再也不可能解决了。当然，首先它们确实是错的。

环境和遗传对个人的影响都不是决定性的。相同的家庭、相同的环境，培养出来的孩子可能天差地别。犯罪分子可能家世清白，在犯罪家庭中出生长大的孩子也可能是品性高洁的人。有些犯罪分子到了中年忽然痛改前非，成了受人尊敬的善心人。如果遗传和环境真的对犯罪行为有决定性的影响，那么这些事，又要怎么解释？

现在，我们不妨再仔细讨论一下之前提过的人生主线问题，即包括罪犯在内的所有人都在竭尽所能地从失败走向成功，从卑微走向高贵，所有人都遵循这条主线追逐胜利和稳固的地位。只是不同的人，在目标和具体行动上会有所差异。犯罪者的终极目标通常都是获得个人的优越感。这个目标不会给其他人带来任何好处，他们也不愿意或者说无法和其他人建立合作关系。可是，只有那些能够彼此合作、互相依靠的人，才是社会所需要的。

个体心理学家认为生活中的问题主要分为三种：第一种是和其他人建立联系的问题，也就是友情问题。犯罪者不是没有朋友，只是他们的朋友大多是些狐朋狗友。他们拉帮结派，彼此之间倒也能推心置腹，只是我们很快就能发现，他们极大地缩小了自己的社交范围。他们不知道该怎么和社会上的普通人正常相处，在普通人面前总是手足无措，感觉自己像个异类。

第二种是和职业有关的各种问题。调查发现，很多犯罪者对于工作问题都是这样回答的："你不知道工作有多累。"工作对他们来说是一件非常辛苦的事，他们不愿意像其他人那样努力工作。因为他们没有良好的合作能力，也不愿意为他人做贡献，而这正是一切有意义工作所必需的两个要素。大多数犯罪者很早就显露出了缺少合作精神的特质，他们根本没有准备好面对工作中的难题。大多数犯罪者都无所事事，没有任何技术才能。他们的窘迫和无措早在上学的时候，甚至还没进入学校的时候，就已经显露出来了。要解决工作中的难题，与人合作的能力不可或缺，可犯罪者最不擅长的偏偏就是与人合作，而且这种情况还很难改变。

第三种是和爱情有关的问题。喜欢你的伴侣、与伴侣建立良好的合作关系，这是一切美好爱情的基础，两者同等重要。需要注意的是，很多犯罪者在被送进监狱时都有性病。这表明，他们在用一种非常简单粗暴的方式解决爱情问题。对他们来说，爱情、异性都是可以买卖的商品，性只是为了征服和占有，所谓爱人、伴侣，不过是自己的一件东西。很多犯罪者都表示："生活的意义在于我可以得到自己想要的一切。"

在一切生活问题上都不愿意与人合作，这是一个非常严重的缺陷。我们每天甚至每时每刻都要和人建立合作关系。观察、陈述、倾听方式，可以揭露出一个人合作能力的高低。研究表明，犯罪者听、说、看的方式都和正常人不同。这种特殊的语言体系，毫无疑问，会影响犯罪者的智力发展。每个人说话时都想让别人听懂。听懂本身就是一种社会元素。我们给语言相同的解释，每个人理解语言的方式都应该和他人达成一致。可是犯罪者的思维逻辑和语言模式却和普通人并不相同。这一点在他们解释自己的犯罪行为时表现得尤为明显。这绝不是智力低下的问题。如果我们承认他们错误的优越目标，那我们也不得不承认他们的大部分结论和做法其实是对的。

例如，有个犯人说："我杀他是因为他有一条非常好看裤子，而我没有。"如果我们承认他的欲望，也接受他有通过暴力手段拿到某样东西的权利——尽管这不符合我们的道德观念——那么他的结论就没什么问题了。最近匈牙利发生一起刑事案件，几个女人涉嫌用毒药谋杀他人，其中一个女人在接受审讯时说："我毒杀自己的儿子，是因为他就要死了。"如果她想结束这段合作关系，杀人就是最直接、有效的方法。她神志清醒，但思维模式和正常人不同，她没有正常的统觉规划表和充足的社会感。他们对自己和他人的重要性没有正确的认知，世界观也是错的。

接下来我要说的不是犯罪者合作能力低下的危害，而是它的成因。犯罪者不愿意合作，通常和他们的父母有一定关系。比如父母关系恶劣，没有尽职尽责教导子女合作技巧，比如父母自身就没有良好的合作能力，在这种情况下，他们很难养育出合作方面的高手。孩子最先是和母亲建立合作关系，但母亲可能根本没有得到孩子的信赖，或在得到孩子的信赖后，没有将这种信赖引导到孩子的父亲和其他人身上。另外，这个孩子三四岁之前，可能一直是家里的核心，之后，随着弟妹的降生，他忽然失去了自己的核心地位。有些父母当着孩子的面，不停地抱怨生活艰难、社会黑暗。这严重损害孩子的社会兴趣。还有些父母不停地抱怨亲戚朋友、邻居街坊，把自己的愤怒和偏见，一股脑塞进孩子心里，这同样会损害孩子社会兴趣的发展。想象一下，在这种情境下长大的孩子，将会以怎样错误和扭曲的观点来看待他人和这个社会。"我为什么要善待别人，为社会做贡献？"抱有这种思想的人，在遇到麻烦和失败时，怎么会主动承担责任呢？他把生活当成一场冰冷的战争，即使给别人造成再大的伤害，也不会生出一点半点的愧疚之心。对他来说，只要能获胜，再卑鄙无耻的手段都可以用。

合作能力低下这种缺陷根本无法遮掩。孩子一进入学校，这方面的问题就会暴露出来。具体表现就是无法和其他孩子交朋友，排斥老师，无法认真听讲等。如果老师有足够的经验和耐心，知道是怎么回事，也愿意付出精力加以引导，他们遭受的挫折还能少一些。这样的孩子需要鼓励和安慰，但通常只能得到讥讽和嘲笑。在这种情况下，他们的合作技巧根本得不到发展。

很多孤儿最后都走上了犯罪道路。一切不能让孤儿学会合作的文明，都是可耻的。还有私生子，也容易走上歧途。没有人培养他们对他人的兴趣，教导他们该如何与他人建立良好的合作关系。很多长相丑陋的人，最后也会成为犯罪分子，这和他们童年时的生活经历有很大关系。因为丑陋的孩子比普通孩子要承受更大的心理压力。童年本该是一个人最轻松快乐的时期，可是因为长相丑陋，他们一直是他人嘲讽和同情的对象。为了保护自己，他们不敢出去玩，不敢交朋友。如果没有人用正确的方式加以引导，他们会彻底失去发展社会感的机会。

还有一个现象很有意思，就是很多犯罪者都是长相俊美的男人或男孩。如果说先天的生理缺陷，比如手脚残疾、兔唇，再比如之前说的长相丑陋，让一部分人在他人的歧视中被扭曲了观念，成了恶劣遗传的牺牲品，那长相俊美的人，又为什么会走上犯罪道路呢？答案是，过度的宠溺也会损害人的合作能力。

不知道大家发现没有，犯罪者其实可以分为两种：一种是没有任何同胞情谊，把所有人都当成敌人对待，感受不到别人的关爱和赞赏的人；一种是从小备受宠爱，因为得到的爱太多，而失去了感知爱的能力的人。这种人最常说的一句话就是："要不是妈妈太宠我，我怎么落到今天这个地步。"由此可以知道，人会走上犯罪道路，和他的处境和受教育水平没什么关系，关键在于他有没有学会合作。

犯罪者都有社会感不足和合作能力匮乏的问题，所以我们应该用对待精神病人的办法来对待罪犯，即赢得他们的信任，提升他们的社会兴趣，教会他们与人建立合作关系的技巧。

我们会用固有的思想解释自己遇到的每一件事，犯罪者也是如此。如果发生了一件和他固有思想相抵触的事，他会通过思考和回忆重塑这段经历，把它变得符合自己的思想。比如，一个人觉得："世界上所有的人都想欺负我，从我身上谋得好处。"他会下意识地搜集一切能够证明这一观点的证据。至于那些不符合这种观点的事，则会被忽略过去。犯罪者只关心和他有关的事，按照自己固有的特殊方式思考和倾听。想要改变他们的这种偏见，唯一的办法就是赢得他的信任，弄清楚他们的解释标准和这套标准的成因，找到他们行为习惯的初始形态。

总之，犯罪者和普通人没什么不同，一举一动无不遵循人类的行为习惯。我们必须明白，一切犯罪行为的起因都是生活态度问题。想要挽救犯罪者，唯一的办法就是提升犯罪者对合作的兴趣，增强他们的合作能力。如果一个人从婴儿时期就开始接受提升合作能力的训练，那他以后走上犯罪的道路的可能性，就会大大降低。这样的人在生活中无论遇到怎样的诱惑和困难，都不会轻易妥协。他相信一切艰难困苦都是成功的垫脚石，他用积极热情的态度面对周围的每一个人、每一件事。他的合作能力非常强，在困难面前总能想办法找出一条合作共赢的路。

越逃避，越脆弱

　　冷漠和孤立背后，潜藏着野心和虚荣心的影子。遁世者的清高，其实是为了彰显自己的卓尔不群，抬高自己的地位，获得优越感。可惜他们最大的收获，很明显只是想象中的荣誉。由此看来，这种自我流放的态度，虽然表面上看没有任何危害性，却掩藏着不可估量的敌对情绪和好战情绪；而敌对和对抗的结果只有一个，就是失败。

避世，是一种自我流放

喜欢逃避的人看起来总是深沉、孤寂的，他们像山谷般寂静无声，像溪流般迂回曲折。他们不会故意伤害别人，却也不会主动帮助谁、亲近谁。一个逃避社会、不和任何人接触联系的人，又怎么能和人建立起良好的合作关系呢？可是生活中的大部分问题，都要借助合作才能完成。这就是问题的关键了。

远离社会的人大多沉默寡言，不愿意正视别人的眼睛，不喜欢倾听别人的谈话。有的时候，他们即使坐在你的面前，也总是神游天外，一副魂不守舍的样子。他们以冷漠的态度对待所有社会关系，无论这种关系有多简单，也一样如此。他们排斥一切亲密的可能，一言一行，连握手的方式、讲话的语气、打招呼或不打招呼的姿态，都带着明显的冷意。他们身上的每一个细胞都像是在对别人大声嘶喊："离我远点。"

如果你仔细观察过这些遁世者，就会发现在这所有的冷漠和孤立背后，都潜藏着野心和虚荣心的影子。换句话说，他们的孤立和冷漠是为了抬高自己的地位，彰显自己的卓尔不群，从而获得崇高的优越感。可惜他们最大的收获，很明显只是想象中的荣誉。由此看来，这种自我流放的态度虽然表面上看没有任何危害性，却掩藏着不可估量的敌对情绪和好战情绪。千万不要以为这种孤独的特征只会出现在个人身上，事实上，它也会出现在社会组织中。我们知道，有些家庭会把自己封锁起来，远离社会，隔绝与外界的所有联系。在这种表现中，我们可以清楚地看到他们对外界的敌意，他们有强烈的优越感，觉得自己比其他人都更尊贵、更伟大。孤独、自闭的特征不仅会出现在个人身上，在阶层、宗教、种族、国家身上也可能出现。很多人都有过这样的经历吧，第一次到某座城市旅行，然后发现单从房屋的样式和风格，就能看出屋主在社会上处于何种阶层、何种地位。

把人分成不同的国家、民族、宗教、阶层，这种风气在我们的文化中源远流长、根深蒂固。隔绝只会带来一种非常恶劣的结果：让封闭个体的传统逐渐腐朽，让个体间的矛盾逐渐加深，直至不可调和。有些心怀叵测的人为了满足自己的虚荣心，会故意制造矛盾，挑唆各个团体发生争斗。用这种方法满足自身优越感的阶层和个人，大多对自己的道德水准评价极高，自我感觉良好，喜欢用各种方法证明自己的优秀和别人的不足。这些人非常好斗，他们千方百计在不同阶层或民族间挑起争端，其实只有一个目的，就是提升自己的人格和优越感。就算这种挑唆引发了世界大战，让不计其数的人在战火中受伤、殒命，他们也不会有任何愧疚之心。因为缺乏安全感，他们特别喜欢做一些损人不利己的事。他们把损害他人利益当成了谋求优越感和消除不安全感的手段。可是这种做法只会不断扩大个人和他人之间的距离，加深他们心里的孤独感。到了最后，他们无论身在何处，都如同孤身一人，还有比这更可悲的下场吗？这种人在社会中的发展通常都不太好，这一点不难想象。

我们发现有些人特别喜欢回忆和思考死亡问题，这一点尤其需要注意。虽然有很多人都觉得沉迷于回忆并不是什么坏事，因为这种行为不会损害任何人的利益，可是我们必须明白，对回忆的沉迷，其实是一种自我流放的方式。有些人为了逃避现实生活中的各种责任和义务，大肆宣扬诸如人生短暂、一切皆空、世事难料等消极思想，把对死亡和疾病的畏惧当成了自己逃避社会的借口。还有一些人把所有的希望都放在了来生和天堂上，他们只看重死后和来生的世界，把今生的所有努力都当成了没有任何价值的、徒劳的抗争。他们的观点和之前提到的那种思想（生命无常、祸福难料），本质上是一样的。陷入回忆无法自拔的人为了满足自己想象中的优越感，会逃避一切考验，因为这些考验，将彻底暴露出他们真正的人生价值。喜欢思考死亡和来生问题的人和沉迷于回忆的人都想超越所有人，超越死亡和疾病的困扰，成为高高在上的神明。

焦虑会损害合作关系的建立

几乎所有的避世者都是焦虑的。焦虑是一种非常普遍的性格特征，能够成功摆脱焦虑的人，非常少。它让人备受折磨，让人无法和其他人建立亲密的关系，让人无法平静地生活，让人失去了为社会做贡献的信心和渴望。焦虑会影响人的所有行为，有些人恐惧外部世界，有些人恐惧内心世界。

如果引起焦虑的是对孤独的恐惧，人就会想方设法摆脱孤独。如果引起焦虑的是对社会的恐惧，人就会想方设法摆脱社会。焦虑的人大多有这样的倾向：把所有的注意力都放在自己身上，很少去考虑自己的同伴。这种人只要遇到什么事需要解决，就会不由自主地产生焦虑情绪。无论何时，无论遇到什么事，他们的第一个反应一定是焦虑。即使这件事非常简单，只是走出家门或离开朋友，也一样如此。更不要说找工作，和人恋爱结婚了。因为生活圈子太小，身边也没什么朋友，遇到任何一点小事，都足以让他们惊慌失措，为了那些不可测的危险胆战心惊。焦虑会严重损害他们人格的发展，让他们无法为公众利益做出应有的贡献。焦虑的表现多种多样，有的人非常明显，战战兢兢，吓得浑身发抖或转身逃走，有的人较为隐蔽，只是做事拖沓，找各种借口推卸责任而已。这些人无时无刻不在忧心焦虑，却没想过，如果不从根源上解决焦虑问题，即使躲过了这次。下次，只要事情稍有变化，他们仍然要在焦虑中饱受折磨。

在那些只要身边没人就会怕得浑身发抖的孩子身上，我们可以看到焦虑最简单、最原始的形态。单纯的陪伴无法满足这些孩子，因为他们的恐惧和颤抖都带着特殊的目的。只要母亲不在身边，他们就表现得焦虑万分，非要母亲回来，焦虑的表现才会消失。这说明他们要的不是母亲的陪伴，而是母亲听命于自己。他们希望母亲对自己唯命是从。这表明孩子根本没有学会独立，不仅如此，还因为父母错误的教育方式，学会了通过一些卑鄙的手段，强迫别人为自己服务的技巧。

所有人都知道孩子是如何表达焦虑的。当夜晚降临时，在漆黑的看不清人的环境里，孩子会感到非常焦虑，为了驱除黑暗带来的恐慌和沮丧，他开始呼喊哭闹。这时，父母若是听到声音立刻赶到孩子身边。孩子就会要求父母开灯、陪他玩，然后提出各种各样的要求。父母若是对他言听计从，他的焦虑马上就会消失。之后，只要他的安全感与优越感受到威胁，焦虑的感觉再次袭来，他就会借助焦虑，增强的自己控制权。

我们在某些成年人身上也会看到这种情况。这种人的言行举止和正常人不太一样，很容易认。比如，那些不敢单独出门的人，他们走在路上会紧张地四下张望。他们之中有些人每一步都走得很谨慎，有些人则像被狗追一样健步如飞。在生活中，我们还会遇到这样一些人：明明没有生病，体力也非常好，过马路时却一定要有人扶；平日里身强体健、能跑能跳，但只要遇到一点小事，就变得非常焦虑和恐慌。有些人甚至连门都不敢出，只要走出家门，就控制不住觉得焦虑，没有安全感。广场恐怖症是一个很有意思的例子，有这种病的人对空旷场所极端畏惧，总觉得会有人伤害自己，在自己和其他人之间隔着一堵看不见的大墙。对于广场恐怖症患者害怕"摔跤"的情况，有些心理学家是这样解释的："他们认为自己处在其他人难以企及的崇高的位置上。"这样看来，在病理性的恐慌中，其实藏着对权力与优越感的追逐。很明显，很多人都把焦虑当成了一种有效有段，强迫别人留在自己身边。在这种情况下，我们发现只要别人走出房间，他们就会被焦虑淹没。所有人都要陪在他们身边，遵从他们的每一个命令。他们借助焦虑给身边的人制定了这样一条行为规则：我是国王，我让你们做什么你们就要做什么，至于你们是怎么想的，我不关心，也不在意。

胆小是焦虑的一种较为温和的表现方式。前面我们关于焦虑的所有论述，放在胆小者身上，也都适用。胆小的孩子不敢和人来往，会故意毁掉已经建立起来的人际关系，即使他的社会关系已经非常简单了，也一样如此。胆小这种性格特征会让人既自卑又自负，觉得自己与众不同，所以他们很难体验到交际和合作的乐趣。

怯懦的根源，是逃避责任

怯懦的人有一个共同点：觉得所有工作都很难，自己什么都做不好。这种人做事缺乏热情，遇到困难或考验不是畏缩不前，就是转身逃避回绝，根本无法高效、妥善地完成自己的本职工作。他们总觉得现在的工作不是他们所喜欢的，然后找各种荒唐可笑的借口频繁地换工作。怯懦的人不仅做事缺乏热情，还总是表现得过于慎重和珍惜生命。我们当然应该珍惜生命，可是这种对生命过分的紧张和慎重，对怯懦者而言，只是逃避责任的一种手段而已。

怯懦是一种非常普遍的性格特征。个体心理学将所有和怯懦有关的问题都定性为距离问题，并有了相应的结论。如果我们想评价一个人，并对他在三个重要人生问题上的表现做出评价，那么个体心理学理论是个不错的衡量标准。首先是社会感的问题，也就是个人和他人、个人和社会的关系问题，看看他是用正确的方法让自己和其他人越来越近，还是用错误的方法让自己和其他人越来越远。其次是工作方面的问题，最后是爱情和婚姻方面的问题。了解个人在解决这三个重要人生问题时犯了什么错、取得了什么进展，就能归纳出这个人的总体人格，然后从他的种种表现中，对人性的普遍特征进行归纳和总结。

怯懦源于对责任的逃避。毫无疑问，怯懦会让人用消极、沮丧的态度对待生活，除了这些消极影响，怯懦也能给人带来一些"好处"。有些人一直无法摆脱怯懦的性格，就是因为这些"好处"的吸引力实在是太强了。怯懦者认为在没有任何准备的情况下做事，就算失败了，也不会受人指责。这是一种不会让他的人格和虚荣心受损的安全情境，就像走钢丝的人不用担心掉下去的问题，因为就算掉下去了，下边也有安全网会接住他。仓促行动可以保证他的个人价值不受损伤，因为他可以找到一大堆理由证明任务失败不是因为他能力不足。他会说："我要是有时间做足准备，事情早就办好了。"所以要为失败负责的，不是他人格上的缺陷，而是环境太过复杂和恶劣。反过来，如果他没做任何准备工作，就把事情做成了，那这个成功就非常珍贵和伟大了。一个勤勉认真、尽职尽责的人，顺利完成任务，大家会觉得理所应当。可是一个做事拖沓散漫的人，在没有任何准备的情况下，做成了一件事，大家就会对他肃然起敬，把他当成深藏不露的高手，因为别人用两只手才能做到的事，他一只手就做到了。

迂回心理的优势就在这里。这种心理虽然能给人带来一些意料之外的好处，但与此同时，也彻底显露出了个人的野心和虚荣心，说明他很想成为受人注目的英雄。以这种心态生活的人，除了想满足自己的虚荣心，也想得到一些特权。

怯懦的人为了逃避生活问题，还会故意制造麻烦。只有在避无可避的情况下，他们才会拖拖拉拉、不甘不愿地行动起来。用这种迂回心态面对生活，经常会表现出诸如懒散、频繁换工作、工作时漫不经心等各种恶习，甚至会走上犯罪道路。这种态度甚至会出现在一些人的行为举止中，比如有人走路像蛇一样整个身体扭来扭去。这种走路方式一定有心理方面的原因，比如用迂回的方式逃避现实生活。

接下来，我们通过生活中的一个真实案例来说明这种情况。一个男人觉得生活毫无希望，所有的人和事都是那样无趣和令人沮丧，他一心想死，觉得自己活着和死了没什么不同。到医院接受治疗时，他告诉医生，自己是家里的长子，下面还有两个弟弟，他父亲是一个果敢坚毅、野心勃勃的人，事业做得非常成功。他在家里备受宠爱，一直是父母的骄傲。从小父亲就和他说："我创下的这片基业，以后就由你来继承和发扬了。"

长子大多有盲目崇拜权力和力量的问题，他也一样。他的行为举止和性格特征中有明显的、属于上位者的权威感。在学校,他的成绩一直很好。毕业后,他继承了父亲的公司。他亲切友善地对待身边的每一个人,给手下人开很高的工资,认真倾听他们的各种要求,只要不过分,他都能一一答应下来。没有比他更加宽厚和善的老板了。

可是在1918年,无产阶级革命爆发后,他忽然像变了一个人。他指责下属肆意违反公司的规章制度,给他惹麻烦。以前工人只能向他提出请求,现在请求变成了要求。他觉得十分恼火,简直想把公司关了。

过去,作为公司的管理者,他掌握了所有的权力,可以尽情地大度宽和,以展示自己的慈悲和善良。可是现在,当权威受到了威胁,他哪还有心思顾及礼仪教养?对他来说,人生中最重要的事,就是用权力控制他人。当权威受损时,他的工作乐趣也就消失了。

尖锐的社会矛盾给他带来了巨大的冲击。因为性格发展不完全,他很难改变自己固有的行为模式,按照当前的社会状态来调整自己。他的生活目标只有一个,就是获得权力和稳固的地位。在这种情况下,他的发展必定会受到抑制。当他发现自己已经无力掌控生活时,只好借助虚荣来达成自己的人生目标。换言之,这个时候虚荣成了他最明显的性格特征。

强烈的虚荣心和控制欲,让他的人际关系受到了极大的损害。留在他身边的,全是那些圆滑世故的马屁精和没有自由意志的应声虫。他目光敏锐，很容易就能发现别人隐蔽的缺陷，他言辞刻薄，总能一针见血戳中别人的痛脚。因为这样，他仅有的几个朋友也都离他而去了。从此以后，他再没有可以说知心话的朋友。为了交一些新朋友，他开始参与各种娱乐活动。

但我们必须注意的是，在这种情况下发生的娱乐社交，其实也是一种迂回的逃避心理。抱有这种迂回心理的人会给自己的行为，找出各种光明正大的理由，这些理由就其本身而言虽然没什么问题，却不适合当前的状况。案例里的这个男人就是这种情况。他觉得自己有责任促进社会文明的进一步发展，为此，他加入了一个俱乐部想要找一些志同道合的朋友，可是他在那里，不是打牌、喝酒，就是玩一些无聊的游戏，没做过任何有意义的事。他每天晚上都很晚才回家，第二天，昏昏沉沉，只想睡觉。后来，他对别人说："真想为社会文明贡献力量的人，就不要去俱乐部这样的场所了。"看样子，他已经想明白了。为社会文明效力这样的借口，很明显只有在他努力做好本职工作的前提下，才有一定说服力。一个立誓要为社会文明做贡献的人，怎么会忘记友谊、爱情和工作这三个人生的真正任务？

逃避社会的人，如何能在社会上立足？社会是由一个个相互合作、相互关联的人构成的。想要在社会上站稳脚跟，必须有一定的适应性,要宽容大度、乐于助人。一个人若是把控制他人、让所有人都对自己唯命是从,当成人生目标,他的路只会越走越窄。隐蔽迂回的逃避方式和赤裸直接的逃避方式,带给逃避者的危害一样大。有逃避心理的人经常会有这样的表现:不知为什么总是觉得很累,吃不下,睡不香,觉得所有人都很讨厌,每天都很忙,却不知自己在忙什么。案例中的这个男人就是这种情况。他无论做什么事都觉得不顺心,开口闭口都是抱怨之词,但这些抱怨又总是很荒唐和没有道理。他的敏感和神经质,甚至让人觉得有些害怕。

他种种神经质的表现,其实都是为了转移注意力,让自己不必直面那些恐怖的真相——生活中的危险和困境。他完全不想承担责任,即使那只是为了维护人类社会所必须履行的基本义务。每次遇到问题,他都会编出各种理由推脱搪塞,这种行为,不管是对他还是对他身边的人,都是一种伤害。

不文明行为的用意——与社会保持距离

人们对于不文明的或缺少教养的行为，毫无疑问是有共识的。在公共场合挖鼻子、咬指甲、狼吞虎咽地用餐等，都属于此列。想象一下，看到一个人放弃了所有的羞耻心和自控力，只要上了餐桌就眼冒绿光，一副饿死鬼投胎的样子，稀里哗啦地大吃大嚼，你心里会不会这样想：他吃得也太大声了吧？天哪，他的肚子是无底洞吗，怎么一瞬间就咽下那么多东西？他饭量可真大，吃得可真多。生活中，你有没有见到过这样的人：从睁开眼睛就开始吃东西，一停下来就难受得抓心挠肝一般？

脏乱也是一种不文明的表现。注意，我们这里说的脏乱，不是因为工作太多、没时间收拾而表现出的混乱和大大咧咧，而是那些整天游手好闲、不肯好好生活的人所表现出的脏污和不整洁。这种人好像故意要把人从身边赶走一般，总是一副邋里邋遢的样子，甚至到了恶心的地步。脏乱已经成了他们的标识，我们一想到这个人，最先想到的就是他有多脏。

不文明者的这些外部特征——除此之外还有很多——足以证明：这些人根本就没想参与到社会之中，也不愿意遵从社会上的游戏规则。他们故意丑化自己的外在形象，就是为了和他人保持距离。一个不文明到了这种程度的人，你能指望他会心甘情愿地为社会和他人效力吗？不犯错的孩子是不存在的，所以不文明行为大多始于孩童时期。只是有些人的不文明行为得到了纠正，有些人直到成年都没能摆脱儿时的不良习惯。

不文明行为，和人排斥社会生活或多或少总有一些关系。所有缺乏教养的人都排斥和他人建立合作关系，想要尽可能地远离社会生活。就算有人好心地劝他们改掉这些恶习，他们也听不进去。这不难理解，排斥人类社会游戏规则的人，根本不觉得咬指甲这样的行为，有多么糟糕和不妥。还有什么比脏污的衣领、泛着油光的衣服和在大庭广众挖鼻孔，更能有效地将别人从自己身边赶开吗？只要保持肮脏邋遢的形象，他就能逃避指责和竞争，逃避他人的注意，甚至是婚姻关系。如果这就是他的目的，他又怎么会放弃这样的形象？更重要的是，就算他最后一事无成，他也有了一个可以指控的对象，他会告诉大家："我要是没有这种恶习，什么事做不成？"然后，他又轻叹一声："可我偏偏就有这样的恶习，无论如何都摆脱不掉，真是太遗憾了！"

通过下面这个案例我们可以看到，不文明的行为如何成了一种保护自己和逼迫他人为自己效力的工具。有个女孩二十二岁了还会尿床，她在家里排行倒数第二，因为自小身体就不太好，母亲对她的照顾难免要多一些。她非常依赖母亲，希望母亲能够时刻守在自己身边，为此，不管白天黑夜，只要母亲不在身边，她就表现得非常焦虑。她只想让母亲陪着自己，根本不管这样的行为会让母亲有多疲惫，对其他孩子又有多么不公平。

女孩还有一个特征，就是交不到朋友，上不了学，也无法进入社会。她每次被迫离开家，都非常惶恐焦虑，简直生不如死。直到成年，她都不敢在傍晚出门，更不要说走夜路了。每次出门回来，她都是一副精疲力竭、惊慌失措的样子。她不停地对别人说自己在路上遇到了什么事，有多么可怕和危险。毫无疑问，她不愿意离开家，她想一直待在母亲身边。可是因为经济条件有限，家人还是帮她找了一份工作。她说什么也不肯去，最后几乎是被撵出家门的。可是不过两天，她就被解雇了。因为她又开始尿床了，老板非常生气，说什么也不要她了。母亲不知道她为什么会这样，大骂了她一顿。女孩想要寻死，被送进了医院。母亲没有办法，只好发誓说，以后会一直守在她身边。

她的尿床、怕黑、不愿意独处，还有自杀，为的都是同一个目的。她用所有的这些表现告诉别人:"母亲必须时时刻刻留在我身边,关心我、照顾我!"

通常来说,为了引起大人的注意,孩童确实会故意做一些不文明的事或养成一些不文明的习惯。他们用这种方法让父母看到自己的脆弱和无助,通过父母的关心,来彰显自己的重要性。成年后,为了逃避社会责任,给他人制造麻烦,进而达到毁坏社会和谐与公共利益的目的,他们也会有一些不文明的表现。

消除自卑、追逐优越是人的生活本能

个人的生存目标是由他的自卑感、欠缺感和不安全感共同决定的。孩子从出生那一刻起就表现出了想要引起父母和他人关注的倾向。研究发现,正是在这一时期,自卑感慢慢唤醒了孩童想要获得认可的迫切愿望。毫无疑问,个人想要改善自身处境,获得优越感的目标,也是在这时候第一次明显地显露出来。

如何看待自己的不足

每个人或多或少都有一些自卑感，也都有对优越和成功的渴望，这些是个人精神生活不可或缺的组成部分。在优越感和自卑感的刺激下，心灵机制发挥作用，让人产生了面对困难的勇气、参与社会活动的兴趣、积极学习各种常识逻辑的动力。

每个人都想获得优越感、消除自卑感，这是人类的共同特点，但这并不表示所有人都是一样的。自卑和优越像是控制人类行为的两个一般条件，但除此之外，环境因素、身体状况、受教育程度等各方面差异，也会对人的行为产生影响。两个人在相同的处境下，因为其他因素（比如身体状况或受教育程度）不同，可能会做出截然不同的选择。每个孩子在回答问题时的反应都不一样，没有人可以说哪个反应就是对的或哪个反应一定错误。所有人都想养成更好的生活习惯，获得更加优越和舒适的生活环境。追逐方式的不同，证明了每个人都有自己的独特性。虽然每个人走的路都不一样，且会犯各种各样的错误，但追逐优越、消除自卑这一努力方向，是确定无疑的。

人和人是不一样的，有些差异从出生时就已经存在了。我们可以通过孩子遮掩特性、培养共性的过程，看到心灵的发展和作用。比如左撇子。有的孩子根本不知道自己是左撇子，因为他还在摇篮里时，父母就在培养他使用右手的习惯了（通过婴儿更多地使用哪只手，我们很容易就能辨别出他是不是左撇子）。一开始，他因为右手用得不太好，可能会受到一些嘲讽和指责。右手的笨拙让他感受到了一定的压力和不便，于是他通过写字、绘画等活动，加强对右手的训练。生活中，我们看到很多左撇子的右手都比正常人更加灵活，原因就在这里。为了和大家一样，左撇子一定会培养自己对右手的兴趣，通过刻苦训练，改掉这种"缺陷"。这个过程发生的时间，当然是越早越好，因为这能很好地刺激其个人才能和艺术天赋的发展。战胜缺陷的过程，会让孩子变得更加坚毅和积极。当然，过于艰难的抗争，会让他对那些正常的孩子心生羡慕甚至嫉妒，进而产生出自卑心理。众所周知，世间最险恶、最难以战胜的敌人，莫过于自卑。通过艰苦的努力最终战胜了困难的孩子，往往更加顽强和乐观，即使长大成人，也有一股敢闯敢拼的劲头。他一直在战斗，相信自己不比任何人差，相信一切阻碍都是暂时的。相比于其他孩子，这种孩子压力更大。

四五岁的孩子已经有最原始的性格模型。之后，他会用各种方式，比如犯错、反抗、妥协，促进心灵的发展和性格的成型，以此来调整个人和现实生活之间的关系。每个人的目标都不一样，有的人想要从这个自己难以适应的社会中逃离，有的人想成为某个领域的专家人才。孩子也许并不知道要怎么做才能战胜自身缺陷，而我们即使知道正确答案，也无法把这些信息清晰、准确地传递给他们。

很多人都有生理缺陷，眼睛、嘴巴、耳朵、肠胃、四肢不是这儿有问题，就是那儿有问题。我们总倾向于把自己的注意力放在那些有缺陷的地方。现在，让我们通过一个古怪的案例，对这一情况加以说明。

一个四十五岁的已婚男人，在事业上取得了不小的成绩。他有哮喘病，奇怪的是，他每次发病的时间，都是晚上下班回家之后。医生问他为什么会在这个时候犯病，他回答说："因为我和妻子之间有些矛盾。我是现实主义者，她是理想主义者。下班之后，我哪儿都不想去，只想在家里好好休息，可她总想出去访友或参加一些聚会。她不喜欢我待在家里，觉得这样的生活太枯燥，我们总是吵架。我气急了，哮喘病就会发作，呼吸困难。"

生气会引起一些特定的生理反应，比如胃疼、恶心、头痛。可是他的情况却是较为少见的呼吸困难，为什么？因为这种反应最符合他的原型。

他小时候有一段时间曾经被人用绳子绑了起来。当时他还非常小，根本无力反抗，因为身体弱、绳子绑得太紧，他的呼吸系统受到了一些影响。在他的记忆中有一个名叫蒂娜的女仆，对他非常好，经常陪在他身边，温声细语地安慰他，全心全意地照顾他。他于是产生一种错觉：一直有个人陪在我身边，满足我的所有需求。他四岁那年，女仆蒂娜嫁人走了。他送她去车站时，哭得撕心裂肺。蒂娜走后，他对自己的母亲说："她走了，世界上再也没有人会像她那样爱我了。"

这样看来，这个男人理想中的伴侣应该是一个把所有注意力都放在他身上，时时刻刻陪在他身边，给他带来欢乐和慰藉的人。他直到长大成人，娶了妻子，还在寻找这样一个人。他哮喘病发作不是因为空气稀薄，而是因为他的妻子没有陪在他身边，给他带来安慰和快乐。生活中，谁能永远为另一个人带来快乐呢？这太难了。他在某种程度上，有控制环境的欲望。应时而发哮喘病，就是为了配合他的这一目标才出现的。想也知道，在他呼吸困难、连气都喘不上来的时候，妻子就是再想去赴宴、看电影，也得以后再说。他用这种方式控制自己的妻子，获得优越感。

没有人可以责备这位先生。因为至少在表面上，他没有做错任何事。可是他的控制欲非常强,他不喜欢妻子的浪漫和物质,想要把她改造成一个和自己一样的现实主义者。

眼耳口鼻、五脏四肢,越是有问题的部位,越容易引起我们的注意。事实证明,很多有视力缺陷的孩子都对需要看的事物充满兴趣,甚至在"看"这方面发展出了特殊的才能。比如患有散光的德国著名作家古斯塔夫·弗赖塔格[1]。很多画家和作家都有视力问题,但正是因为看不见或看不清,他们才对这一领域格外感兴趣。对于自己的视力问题,弗赖塔格说:"因为眼睛不好,我特别加强了对想象力的训练,更多地使用想象。我在想象中看到的世界,比别人在现实中看到的更加清晰和鲜活。这完全是因为我太想看清楚了。我的写作能力,也许正是得益于我的视力缺陷,才有了这样的发展。"

有些人对食物特别感兴趣,经常和人聊一些食物方面的事,比如他自己适合吃什么,不适合吃什么,某人在食物上有什么喜好和禁忌。他们的这些表现可能是因为儿时遇到过饮食方面的问题(比如小时候身体不好,在饮食方面必须格外注意,比如食物中毒等),也可能是因为母亲无微不至的关怀。有些母亲对孩子的照料十分细致,经常和他们念叨什么食物好吃,什么食物不能吃,什么食物吃了对他们有好处等。他

---

[1] 古斯塔夫·弗赖塔格(Gustav Freytag, 1816—1895),德国现实主义作家、文学理论家、剧作家。代表作《借方和贷方》。

们一开始也许对此并不感兴趣，可是接触的时间久了，耳濡目染也开始对自己和他人的饮食问题产生兴趣。最后成了饮食方面的专业人才，比如厨师、营养师等。

肠胃不好的人会把注意力从食物转移到其他东西上，比如金钱。这种人有的成了唯利是图的银行家，有的成了一毛不拔的吝啬鬼，把所有的时间和精力都用在赚钱上。有个现象很有意思，就是很多有钱人都有一些肠胃方面的问题。可能是因为肠胃不好，所以他们把所有精力都放在了生意上，表现出了非常卓越的商业才能。

现在我们要讨论的是大脑和身体之间的联系，没有人会怀疑这种联系的存在。同样的缺陷可能导致不同的结果，不同的生理缺陷也可能导致同一种不良的生活方式。现代的医疗手段已经足以解决大部分身体和生理方面的问题，无法治愈的疾病和缺陷终究是少数。可是很多人的失败并不是因为疾病或生理缺陷，而是因为患者消极的态度。所以个性心理学家才会说："没有必然的因果，也没有绝对的生理缺陷。关键在于患者本身，他们对自己的缺陷太过坚信不疑了。"为此，个性心理学家表示，为了打败原型发展过程中产生的自卑，必须提升奋斗精神。

弥补自卑——追逐认同与优越感

个人的生存目标是由他的自卑感、欠缺感和不安全感共同决定的。孩子从出生那一刻起就表现出了想要引起父母和他人关注的倾向。研究发现，正是在这一时期，自卑感慢慢唤醒了孩童想要获得认可的迫切愿望。毫无疑问，个人想要改善自身处境，获得优越感的目标，也是在这时候第一次明显地显露出来。

社会感的强弱和质量，在很大程度上决定了优越感目标的确立。想要公正地评价一个人，不管他是大人还是孩子，首先得弄清楚在他身上发挥更大作用的，到底是对社会感的追逐，还是对优越目标的追逐。每个人都要通过既定目标的达成来获得优越感，这也是我们感知生命意义和提升个人价值的一种手段。

个体心理学以此为基础建立了一种很有启发性的体系和方法——把人类行为看成一个关系群。人们在自身基本遗传潜力的基础上确立了某些特定的目标，并在追逐目标的过程中，形成了一个巨大的关系群。

对权力的追逐，是人类文明带来的最大弊端。要怎么做才能遏制这一弊端的发生和发展呢？在探讨这一问题时，我们很快就会发现这非常困难。因为人从婴儿时期就已经开始了对权力的追逐。我们无法告诉连话都说不明白也听不明白的婴儿，这种倾向会阻碍他的发展。只能等孩子稍大一点，再对这种倾向加以矫正和改良。可是到了这个时候，我们就算再如何努力，也很难让孩子的社会感得到大幅提升，并彻底消除他对个人权力的追逐。

更糟糕的是，孩子对权力的追逐也可能表现得非常隐蔽，比如给它戴上友情和柔情的面具。孩子会把自己的真实想法小心翼翼地掩藏起来。过分追逐权力，会让人的精神发展受到遏制，甚至发生退化。对安全和力量的追逐如果超过一定的界限，勇敢就变成鲁莽，遵守规则就会变成胆怯懦弱，温柔就成为控制他人的狡诈手段。发展到最后，所有外放的感情都与真实情感无关，而是一种笼络、控制他人的手段。征服他人控制一切，就是他的人生目标。

无论何时何地，都能对自身的处境做出正确的判断，这对大人都是一件极为困难的事，对孩子就更是如此了。困境就是这样产生的。面对复杂的成长环境，孩子们免不了要对自身的不利处境做出一些错误的评价，有些孩子错得多一些，有些孩子错得少一些。在成长的过程中，整体来说，孩子对自卑感的认识总会越来越清晰和固定。这成了他评价所有自我行为的一个常量。孩子会在这个常量的基础上，确定弥补自卑感的方向。

精神会启动补偿机制来减轻自卑感对人的伤害。我们在有机领域也能看到这种情况。比如，受到损害、无法正常工作的器官，会出现增生或功能强化的情况。所以，血液循环不畅的心脏，会拼尽全力跳得比正常心脏更快或变得比正常心脏更大。当人感到自卑或孤立无援时，精神也会集中所有力量，以抗衡自卑感的重压。

极端自卑的孩子会有强烈的恐惧情绪，害怕自卑无法弥补，这种情况非常危险，因为他会拼尽全力弥补自卑，以致出现用力过猛的情况。这时他的目标不再是保持力量平衡，而是要有余裕。就像被饥饿折磨过的人，很容易吃撑一样。

一个对权力充满渴望的人，不会因为生活平稳宁静就心生喜悦。以病态权力欲患者为目标对象的研究发现，人的权力欲望越强，就越愿意为安稳和优越的生活条件付出巨大努力，并且会有一些非常迫切和鲁莽的表现。但与此同时，他们对其他人的态度也会更加冷漠和疏离。他们不关心其他人的感受，也不介意损害他人的生活。换句话说，他们把世界和世界上的其他人都当成了自己的敌人，一辈子都在战斗。

狂妄，虚荣，不惜一切征服他人的迫切欲望，是他身上最明显的标签。为了征服别人，他会努力获得更高的地位，用鄙视的眼光看待身边的人。换言之，在征服的过程中，他只会离他人和社会越来越远。征服的态度会增加他辨识生活阴暗面的敏感度，他再也体验不到生活的乐趣。周围的人觉得他尖酸刻薄、难以忍受，他自己也不见得有多开心。

下面我们通过一个例子，详细说明这种情况。有个男人为了引起别人的注意，总是说自己的责任感很强、一言一行都很重要。他和妻子生活在一起，夫妻关系非常恶劣。他们经常吵架，生活中的每一件小事，比如头发是粗是细，面包是软是硬等，都能引发激烈的争吵。每次吵架，两个人都互不相让，都想成为获胜的一方。再深厚的感情也经不住这样天长日久的争吵，他们的关系越来越远。对优越感的追逐，毁了丈夫本就不多的社会感。起码他的妻子和朋友是这样的感受。

他的一段经历，或许可以告诉我们他为什么会有这样的性格。男孩子发育的时间通常比女孩子晚一些，但几乎没有哪个男孩像他发育得那么晚。他十七岁的时候，还是一副孩子的模样，既没有变声，也没有长体毛和胡子，学校里所有的人都比他高。现在他三十六岁，看起来人高马大，颇具男子气概。造物主已经补齐了在他身上落下的所有工作，可是在这之前，他已经被发育迟缓的问题折磨了整整八年。在这八年的时间里，他几乎无时无刻不在为自己永远都长不大而忧心、恐惧。他并不知道造物主对他身体的塑造只是暂时停滞，而非永远停止。

他当前的性格特征在那个时候，就已经露出了一些痕迹。为了引起大家的注意，他故意装出一副狂妄自大的样子，好像自己的每一句话、每个举动都很重要。就这样，他慢慢形成了现在的性格。结婚之后，他希望妻子看到的是一个比现实中的自己更强大的人，并真切地感受到他的重要性。可是，妻子只想让他明白，他没那么强，也没那么重要。在这种情况下，两个人的婚姻如何能幸福美满？其实在订婚的时候，裂痕就已经出现了。最后，他们的婚姻结束在了一场社会动荡中。婚姻失败让他本就伤痕累累的自尊心走到了崩溃的边缘。为此，他只好到医院找心理医生帮忙。这个男人想要恢复健康，首先得向医生学习理解人性的方法和正确评价过往错误的方法，其次，还要深刻地意识到，他对自身不利地位的错误认知，已经给自己的生活造成了非常恶劣的影响。

自卑感和优越感都是有害的

在发展过程中,除了极端自卑的人,每个人都想站在对社会有益的一面,让自己的人生更有价值和更加丰富多彩,为了实现这一目标,我们会努力培养自己对他人的兴趣。社会适应和社会感,是我们的精神为了抵御自卑而做出的正向补偿。从这种意义上说,这是追求优越感的必然方向。无论是大人还是孩子,都应该经历这一过程。我们也会用自己的行动来证明世界枯燥无趣、人生毫无意义,但绝不会公然说出"我对其他人不感兴趣"这样的话,不仅如此,我们还会找出各种冠冕堂皇的理由,来遮掩自己缺乏社会感、对社会适应不良的事实。这种心虚胆怯的缄默,足以证明社会感的普遍性。

可是,社会感不足、对社会适应不良的情况,又确实存在。通过对边缘病例的观察,我们可以找到这种情况的起因。所谓边缘病例,指的是因为环境较为友善,自卑情结处于隐藏状态或带着明显的隐藏倾向。那些顺境中志得意满的人,在行为举止、思想态度中,有时也会显露出一些自卑的痕迹，这一点，只要足够细心就能发现。自卑情结是自卑感被夸大后形成的。自卑感会让这种人饱受折磨。他们不得不想尽各种方法，以摆脱利己主义带来的沉重负担。有个现象很有意思，虽然大部分人都在想方设法隐瞒自己的自卑情结，但也有一些人会直接告诉别人"我很自卑"。他们为了自己的胆量扬扬自得，觉得自己比其他人更崇高、更伟大。他们真心觉得自己既勇敢又诚实，毕竟这个世界上敢于公开承认自身不足的人，还是非常少的。但是他们在承认自己自卑的同时，也会留下这样一些暗示："我会这样自卑，都是因为生活中遭遇了太多的苦难和挫折。"之后，他可能会谈到一场事故、他未能完成的学业、不负责任的父母、被夺走的权力和地位……

优越情结是对隐藏的自卑情结的一种弥补。自卑情结处于隐藏状态的人经常表现出自大、傲慢、势利、自私等性格特点。相比于行为，他们更重视外表。他们在早期追求优越感的时候，会表现得非常胆小。之后，胆小就成了他们为自己的失败推卸责任的借口。他们会说："我要不是这么胆小，早就功成名就了。"自卑情结就隐藏在这种以"要不是"开头的句子中。

自卑情结的表现形式多种多样，比如性格上的谨慎、狡诈、浮夸、抗拒生活中的一切艰难困苦，喜欢在狭小的、有很多限制的空间内活动等，比如行为上的喜欢靠着墙、贴着柱子等。这种人谁都不信，包括自己，他们会培养出一些非常古怪的兴趣爱好，比如把所有的精力都放在收集小广告、报纸上。他们总能为自己的行为找到一些貌似合理的理由，原谅自己虚度光阴的行为。各种没有意义的事几乎掌控了他们所有的生活。若不及时纠正，他们终有一天会成为强迫性神经官能症的患者。

所有问题儿童，无论外在表现如何，在其内心深处都有自卑情结的影子。懒惰也是自卑情结的一个特征，因为它是对人生重要任务的抵制。撒谎是因为不敢说真话，偷盗是因为物主不在现场或没有留神。自卑情结是所有这些表现的核心。

强烈的自卑情结会给人带来巨大的心理压力，并最终诱发精神疾病。一个患有焦虑性神经症的人，几乎可以实现他所有的人生目标。比如让人时时刻刻陪在自己身边，比如强迫别人照顾自己，以达到控制他人的目的。在这个过程中，自卑情结转变成了优越情结。强迫他人为自己服务，成了他获得优越感的一种手段。我们在精神病患者身上，也能看到这样的过程。

我们知道，自卑情结会让人远离他人和社会。这种抗拒规则会让他的人生之路越来越难走。他对成功和伟大的期待，只能在想象中完成。有自卑情结的人不敢直面生活中的各种挑战，使得心理机制无法在社会有益的方面发挥效力。因为缺乏勇气，他们融入社会的道路变得分外艰难。可是无论有多难，他们都得在这条路上继续走下去。即使以他们的智慧还无法理解社会道路对个人乃至整个人类有着多么重大的价值和影响。

处世障碍通常始于儿童时期

　　行为模式在我们每一次的人生抉择中,都将发挥至关重要的作用。行为模式的最终结构虽然会有一些细小的变动,但它的实质内容、精神、意义从童年早期开始就已经固定下来,即使成年后所处环境发生了翻天覆地的变化,行为模式也很难改变。如果我们想要正确地评价一个人,就一定要研究他的早期记忆。

生命曲线图和宇宙观

在研究心理问题的过程中,如果我们想更加直观、清晰地了解个人特质和早期记忆之间的联系,那么最好的方法一定是做一个类似数学公式的曲线图。我们以个体童年时期就开始遵循的行为模式为方程式绘制生命曲线图,或者说精神轨迹图。个体的所有运动都以这条曲线为依据。有些读者可能会说:"生命可以这样简化吗?这种行为难道不是对命运的一种低估?如果人生真有这么一条曲线图,如果人的所有行为都是按照这条曲线来进行的,那岂不是说,人根本无法掌控自己的命运?所谓自由意志和判断能力,更是无从谈起了。"单就自由意志而言,这一指控其实是成立的。因为行为模式在我们每一次的人生抉择中,都将发挥至关重要的作用。行为模式的最终结构虽然会有一些细小的变动,但它的实质内容、精神、意义从童年早期开始就已经固定下来,即使成年后所处环境发生了翻天覆地的变化,行为模式也很难改变。

如果我们想要正确地评价一个人,就一定要研究他的早期记忆，因为早期记忆会直接影响孩子的发展方向，决定他将以何种态度和方式，来应对生活中的各项难题和挑战。一个人在婴儿时期对外界产生的印象和感受到的压力，会对他的人生态度产生至关重要的影响，每一个孩子都是用已经成型的、潜藏的心理能力来解决生活中的各种问题。而这种能力，正是他世界观和人生观的起点。

在人生的不同阶段，生活态度的表现方式也许天差地别，但这种态度的本质是不会发生变化的。考虑到它在儿童的早期阶段就已确定，所以我们很有必要给孩子创造一个良好的生活环境，以降低他对生活产生错误认知的可能性，这非常重要。在孩子成长期间，他个人的体力、抵抗力、自身地位，监护人的性格特征，都将起到至关重要的作用。面对生活中的各种难题和挑战，刚出生的婴儿用本能和条件反射做出反应，但在一段时间之后，他会按照特定的生活目标做出反应。换言之，控制新生儿的情绪反应的，是人类的本能需求，之后，他则会掌控一种能够操控和逃避这些本能欲望的能力。通常说来，当孩子有自我意识的时候，即他有"我"这一概念的时候，就会发生这种改变。孩子在这个时候，开始察觉到自己和身边的环境有一种固定关系。这种关系会不断地强迫孩子根据自己的人生观、世界观和对幸福生活的理解，来调整他和外界的关系，所以环境绝不是一种中立的元素。

对"人类精神生活的目的性"的研究告诉我们：人类行为模式有一个独有的特征——一旦确立就很难改变。我们有足够的证据证明：所有人（包括那些精神趋向和行为模式乍看起来截然相反的精神病人）都是完整人格的统一体。有些孩子在家和在学校的表现天差地别；有些成人性格特征非常矛盾，总给人一种喜怒不定、难以捉摸的感觉；行为和态度表面上看一模一样的两个人，深究其隐藏的行为模式，却发现他们有着本质的区别；两个人做的事一模一样，目标却可能截然相反；两个人做的事可能截然相反，目标却可能完全相同。

千万不要把精神生活的表现当成独立现象来研究，因为同一种表现可以有千百种含义。想要了解某种表现的真实意义，首先得弄清楚引导个体行为的统一目标是什么。只有把这种表现放在个体生命体系中，才能明白它的真正价值。我们必须明白个人的所有表现都基于同一种行为模式，只有这样，才能了解个人的精神生活。

想要知道人类在什么地方最容易犯错，首先得明白这样一个事实：每个人都有自己的人生目标，所有行为都受这一目标的指引和约束。我们之所以会犯错，归根结底是因为我们利用成功经验和精神资源的依据，是个人独有的生活方式。我们只会单纯地接纳、转化、吸收自己的感受（无论它源于有意识还是无意识），却从不怀疑这种感受的真实性并加以验证。只有科学能对人类的这一行为模式加以说明、揭露和改善。接下来,我们通过一个案例详细说明以上观点。我们将借助个体心理学理论,对这个案例中的各种现象加以分析和阐释。

温柔，我们一生的追求

有个女人，年纪轻轻就因为心里的不满情绪难以遏制到医院接受心理疏导。她说自己总是莫名其妙地心烦，因为事情太多、太杂，她简直没有片刻休息的时间，感觉每一天都很累。她坐立难安，眼珠一直在转，这是个性暴躁的典型特征。她说话很快，不停地抱怨，说很简单的工作也会让自己感到焦虑和心烦。她的亲人和朋友们也表示，她重视生活中的每一件事，无论大小，所以她总是很忙，繁重的工作已经快要把她压垮了。医生说她太过较真。其实生活中很多人都有这个问题。医生的见解得到了她亲友们的肯定。他们说："她总是小题大做，为了一些没有必要的事焦虑心烦。"

想象一下，一个人无论手里的工作有多简单，都一副忧心忡忡难以胜任的样子，他身边的人和他的伴侣会怎么想。难道他不是在用自己的行动告诉别人：我连最基本的工作都做不了，其他的事就不要让我做了。

为了进一步了解这个病人的人格，医生鼓励她多说一些自己的情况。医生温和的态度和旁敲侧击的询问方式，终于让病人放下心防。经过深入交流，医生得出结论：这个病人人生中唯一的目标，就是用行动告诉别人（主要是她的丈夫），她非常脆弱和敏感，已经无力承担任何责任或义务，需要被细心温柔地呵护、照料。这种需求绝不会是现在才出现的，这一点毫无疑问。她的经历证明了医生的猜测。她说很多年前，有一段时期，她生命中最缺少的就是温情和照料，那是她最想得到的东西。有一点我们需要提醒大家注意：对温情的渴望不是只有女人才有，在男人身上同样会出现，而且渴望柔情和关怀这种情绪的表现方式并不唯一。

这个病人在和人交往时，有一个明显的特点，就是只有成为控制的一方，她才能感到安心。比如丈夫回来晚了，她会用玩笑的口吻说："晚点回来也没事，你的社交活动太少了。"这样一来，她就把丈夫的晚归，变成了得到自己批准后的行动。

我们把她对柔情的渴求和这一现象（必须成为掌控者才能安心）联系到一起，就能发现，这种不愿意成为他人附庸的动力，贯穿了她的一生。她一直想成为掌控者，生怕他人的批评会动摇自己的安全地位。

从这个例子中，我们还可以看到最初记忆对个人生活产生的巨大影响。站在这位女士的角度，她的做法无疑是最有效的。如果一个人的整个人生态度和人生目标，都是追逐温情、尊重与荣耀，那么还有什么办法，比装出一副疲于奔命、脆弱无依的样子，更能让她得偿所愿呢？这种方法不仅能让周围的人更加温柔和细心地照顾她，还能让她避开一切责备和所有能够损害其精神平衡的事。

如果仔细了解一下这位女士的人生经历，就会发现，她上学的时候，已经开始使用这种方法了。每次她没完成作业，都会表现出一副又羞又怕的样子，老师看她这样，哪还忍心再责骂和惩罚她。遇到一些心肠特别软的老师，甚至还会宽慰她两句。

她说她家里有三个孩子，她是长女，下面还有一个弟弟和一个妹妹。父母偏心弟弟，家里有什么好东西，都要留给弟弟。弟弟成绩差，父母忧心不已，她成绩好，父母却完全不在意。她觉得这不公平，经常和弟弟吵架，整日抱怨父母看不到她的优秀。

她想让父母公平地对待她和弟弟，对自己的性别感到自卑。她付出了极大的努力想要战胜这种自卑感。事实证明，优异的成绩并不是一种有效的武器。她于是想道："如果我成绩变差了，就能引起父母的注意。"这种行为虽然看起来非常幼稚，对她来说却是一种合情合理的选择。她自己也说："那时，我需要成为一名差生。"所以她的这些小手段，一定有其必然性。

她成为差生后，父母果然开始注意她、关心她。只是没过多久，她的成绩又忽然变好了。因为出现了一个新的竞争者，她的妹妹。她妹妹成绩也很差，结果现在又有了品行方面的问题。相比于成绩差，品行差会带来更为巨大的社会危害，所以父母自然会把更多的注意力放在出现品行问题的妹妹身上。

她追逐平等的战斗又一次遭遇了失败。可是追求平等和优越的战争，无论遭遇多少次失败都不会宣告停止，因为没人可以忍受被忽视。这种情况在一定程度上影响她的性格和她之后的各种行为、倾向。

我们不妨沿着她的人生道路，继续向前追溯。她清楚地记得自己小时候有这样一段经历：当时弟弟刚出生，她拿着木头想要打他，如果不是母亲一直小心翼翼地守在旁边，及时拦住了她，后果不堪设想。她当时只有三岁，但已经清楚地知道，父母永远也不会像宠爱弟弟那样宠爱自己了，因为她是女孩。她曾经说过很多次"我要是男孩就好了"。这件事给她留下了深刻的印象。父母因为有了弟弟，就不再关心她了。男孩的身份让弟弟拥有了她难以企及的地位和特权。她觉得这不公平。她必须想办法弥补这种缺陷，一次偶然的机会，她发现只要自己做出身心俱疲的样子，别人就会尽量不批评她，并给予她更多的关心和照顾。

就这样,我们将个人精神生活的两个点连接到了一起。用这种方法建立起来的生命曲线图可以让我们更为清晰和直观地了解一个人的生活方式和行为模式。对于这位女性,我们的整体印象是:她在用温柔的方式,扮演着决策者的角色。

父母造成的影响

个人在成长过程中会遭遇哪些阻碍呢?这个问题并没有看起来那么复杂难解。

我们知道,被宠坏了的孩子在社会中并不受欢迎,我们的文化一直非常抵制溺爱孩子的行为。被宠坏的孩子在社会中将遭遇各种各样的难题。比如上学后,他忽然发现自己完全无法适应集体生活。学校对他来说是一个新的环境,他讨厌和其他孩子一起玩,不愿被老师管头管脚,无法专心听讲等。他害怕这样的环境。他在原型阶段获得的经验是:所有人都应该围着他转,满足他的一切需要。这种性格特征,我们根据他的原型和目标性质,完全可以推测出来,与遗传没有任何关系。这种特殊的性格会让他把所有的精力都用在追求优越目标上,遏制其他性格的发展和其他可能性的出现。

前面我们说过,孩子四五岁时原型就已基本成型。所以,我们必须探寻他在此之前的所有记忆。在他心里留下印记的事物,可能比成人想象的更加繁杂和丰富。

父母通常会对孩子产生最大的影响,这一点毫无疑问。遗憾的是,父母对孩子心灵最普遍的影响,其实是斥责和惩罚带来的压抑感。没有人喜欢受到斥责和惩罚,在遇到攻击的时候,反抗是人的本能选择。父母的苛责很容易激起孩子的逆反心理。父亲的粗暴会让女儿对所有的男人都产生抵触情绪。她觉得所有男人都是这样的,并由此建立了讨厌男性的原型。这样的情况也发生在男孩身上。过于严厉的母亲,会让儿子产生抑郁情绪,进而厌恶所有的女人。排斥异性的方式多种多样,并不只体现在懦弱、害羞、和异性保持距离上,还有可能以滥交的方式呈现出来。滥交和遗传无关,是环境和原型相互作用的结果。

从不犯错的人是不存在的,每一个人的成长过程都伴随着长辈的斥责和惩罚。可是作为监护人,父母并不知道修正孩童错误最好的办法,是从一开始就塑造好他们的原型。惩罚和引导确实可以在一定程度上影响孩子的行为,但这种影响绝不会是决定性的,换句话说,只能治标不能治本。如果我们不知道问题的症结,那么一切努力都将徒劳无功。孩子不会因为遭到了斥责和惩罚,就敏锐地意识到是自己的原型发生了错误。经验同样无法改变原型中的错误,因为我们是按照自己的统觉系统来认知和总结经验的。所以,斥责和惩罚只会让孩子变得更加胆小怯懦、狡猾虚伪。想要真正改变一个人,唯一的办法就是探寻他的最初记忆,找到原型错误。

与母亲的关系至关重要

对一个新生儿来说,最重要的事就是和母亲建立联系,他所有的行为都受这一目标的指引。在最开始的那几个月,他几乎事事都要依赖母亲,所以母亲是他生活中最重要的人。他最早的合作能力,就是在这种环境下建立起来的。母亲是婴儿除自己以外,接触到的和感兴趣的第一个人。母亲就像一座桥,在他和社会生活之间建立了最初的联系。一个无法和母亲或母亲的替代者建立联系的婴儿,未来的路将很难走下去。

这种紧密的联系对他产生了非常重大和深远的影响。母亲的矫正、训练和教导把他从遗传中得到的各种元素全都改造成了另一种模样,以至于我们再也分不清到底哪些特质才是他从遗传中获得的。母亲的能力(与孩子建立合作关系的能力、教会孩子合作技巧的能力)将对孩子的潜能产生决定性的影响。单纯的说教是无法让孩子获得这种能力的。母亲必须在此起彼伏、花样翻新的小问题和大问题中,观察、了解自己的孩子,满足他的需求,维护他的利益。孩子就是在这样的交互中，慢慢学会了合作技巧。

我们可以从母亲的所有言行举止中看到她的态度。抱着孩子轻轻摇晃、和孩子说话、逗他笑、给他洗澡，喂他吃东西……母亲时时刻刻都能和孩子建立起联系，只要她想。新生儿是非常脆弱和娇嫩的，一个没有经验或对孩子不感兴趣的母亲，在照顾孩子的时候一定非常笨拙和粗鲁，在这种情况下，孩子就会产生抗拒和排斥心理。想象一下，母亲若是不知道该怎么帮孩子洗澡，洗澡对孩子来说就会成为一种痛苦的体验。他挣扎、哭闹，想要立即从母亲身边逃开。在这种情况下，他还会和母亲建立亲密的关系吗？母亲一定要尽可能多地掌握各种技巧，比如哄孩子睡觉、逗孩子开心、和孩子两两相对。母亲必须考虑到孩子所在的整体环境，空气、温度、营养、睡眠、习惯、清洁等，每一个细节都要照顾到。因为细节才是关键，母亲的每一个行为和动作都有可能引起孩子的喜欢或排斥，引起或遏制孩子的合作欲望。

母亲的各种技巧需要在兴趣的指引下，经过长时间学习和训练才能掌握，没有人能随随便便就成为一个优秀的母亲。这种训练在她很小的时候就已经开始了。最初可能只是表现在她对更小的孩子的兴趣上。男孩和女孩天生就有不同的使命，所以一定要根据性别的不同，让他们接受不同的教育。要让女孩学习母亲的技巧，激发她对母亲这一角色的兴趣。把照料孩子当成一种需要高超技巧和创造力的工作，只有这样，她在将来成为母亲时，才不会产生排斥心理，才能成为技术高超的母亲。

我们的文化并不重视母亲的地位和价值，这非常糟糕。社会中普遍存在的重男轻女的思想，会让女孩对母亲这项工作失去兴趣，没有人能够兴高采烈地接受低人一等的地位。这样的女孩结婚后，会用各种方法表达自己对母亲这一角色的抵触和不满。她们对孩子没有期待，不想生也不想养。在她们看来，母亲一种是非常乏味的工作，缺乏创造性和趣味性。更重要的是，母亲地位太低，她们不愿意把自己放到那样的位置上。这几乎是当今社会最严重的问题，却没能引起太多人的重视。

如果一个女孩不能坦然接受自己的性别，那么她的人生之路就会变得非常崎岖难走，她就无法用轻松的态度面对生活。众所周知，母性的力量非常强大。对于女人来说，任何本能，不管是性欲上的，还是食物方面的，都无法战胜保护孩子的本能。即使是老鼠、猿猴那样的动物，也有强烈的母性本能。如果在所有的天性中只能选择一样，母亲一定会选择自己的孩子。这种欲望的基础是合作，而非性或其他。

有不少母亲会把孩子当成自己身体的一部分，觉得没有孩子的女人是不完整的，觉得孩子让她们获得了掌握生死的力量。几乎所有母亲都在一定程度上,把孩子当成了自己的作品,认为自己和上帝一样是生命的创造者。教养孩童的技巧越好,越能满足母亲的优越感和成神成圣感。这一点足以证明,我们将在社会的引领下,通过合作实现自己的优越感目标和人类共同利益。

有些母亲为了实现自己的优越目标,故意夸大孩子是自己身体一部分的这种感觉。她这么做,其实是想彻底掌控孩子,让孩子依赖自己,永远留在自己身边。

有个农夫五十岁了还和母亲生活在一起。后来,母子俩因为得了急性肺炎被送进医院。农夫不幸死了,母亲听到儿子的死讯后,说:"我就知道,我没办法把这个孩子养大。"很明显,对这位母亲来说,五十岁的儿子仍然是个孩子。她从没想让他离开自己,去外面独立生活。如果一个女人无法让自己的孩子和其他人建立联系,平等地进行交流和合作,那她在母亲这个角色上,无疑是失败的。

母亲不能把所有的精力都放在孩子身上,因为过度关注会让孩子形成依赖心理,会严重损害其独立性,以及阻碍他对外交往和合作能力的发展。所以,母亲在与孩子建立起良好的合作关系后,最重要的任务就变成了让孩子对父亲感兴趣,和父亲建立合作关系,然后是对他人(比如其他小朋友和家里的亲戚朋友)和社会感兴趣。如果母亲自己就无法取得孩子的信任,和孩子建立起亲密的关系,她自然也无法完成将孩子的兴趣引向社会生活各个方面的这一工作。

一个想让孩子只依赖和信任自己的母亲,必然会排斥所有能引起孩子的兴趣的人和事物,她会想方设法将他们隔离在孩子的世界之外。一个只把注意力放在母亲身上的孩子,会把所有能引起母亲兴趣的人和事,当成自己的敌人。他不愿母亲关心别人,不管这个人是父亲还是其他兄弟姐妹,因为那会损害他的个人利益。很多心理学家对于这种现象的认知都是错的。弗洛伊德学派对俄狄浦斯情结的解释是:孩子爱上了自己的母亲,想和母亲结婚,仇视甚至想杀掉父亲。他们会得出这样的结论,明显是因为不了解儿童心灵发展的过程。

有俄狄浦斯情结的孩子,希望母亲不要理会任何人,只关心自己,把所有的注意力都放在自己身上。他们想要控制母亲,把母亲变成自己的仆人。俄狄浦斯情结和性无关。只有那些被母亲惯坏了的孩子,才有这种异常心理。他们不愿意(或者说不敢)和其他人建立合作关系,在遇到婚恋问题时,最先想到的就是自己的母亲,因为再没有人能像母亲一样对他唯命是从,满足他的所有需求。所以俄狄浦斯情结完全是错误教育方式引发的恶果,和遗传、乱伦的本性、性欲没有任何关系。

被母亲宠坏了的孩子只要一眼看不到母亲,就觉得焦躁不安、难以适应。这样的孩子不管在哪儿，公园、学校还是其他小朋友身边，最重要的目标，都是和母亲建立联系。他希望母亲能够不分昼夜地陪在自己身边、关心自己。他竭尽所能讨母亲的欢心。用自己脆弱和无助的一面博得母亲的同情，用哭泣、生病赢得母亲的关注和照顾。如果他感觉自己被忽视了，就会故意做错事或假意发脾气，强迫母亲把注意力转回到自己身上。很多问题儿童其实都是被惯坏的。他们千方百计地吸引母亲的注意，对社会上各种规则和束缚感到难以适应。

被宠坏的孩子觉得生活中最幸福的事，就是生病。因为在孩子生病的时候，父母总要拿出更多的时间和精力去关心和照顾他们。这些孩子在病重康复后，又开始出现新的病症。这种情况和疾病无关，是他们太怀念生病时被关心、被宠爱的感觉了。

有个女孩生了一场重病，在医院住了四年。所有医生和护士都很喜欢她。出院后，父母又细心地照顾了她一段时间，等她身体完全康复后，就把注意力转移到了其他事情上。女孩觉得自己没有以前受宠了，咬着手指埋怨道："我的病还没好呢！"她想让父母继续宠爱自己，就像她住院时那样。为了获得他人的关注，成人有时也会提到自己患病的事。

有个男孩，是家里的次子。他非常顽劣，总是撒谎、偷东西、逃学。老师觉得这个孩子太难管教，想要把他送去少管所。就在时候，男孩忽然得了肺结核，他病得很重，在床上躺了半年才恢复健康。他病好之后，忽然成了家里最听话的孩子，这让大家感到非常吃惊。

他的改变和那场病一定是有关系的，但绝不会是根本原因。真正的原因是，他生病时，父母的悉心照料让他意识到自己以往的想法是错的。以前他总觉得父母不爱自己，只爱大哥。现在误会解除，他也就不必通过做坏事，来引起父母的注意了。

不少人都以为母亲对孩子的错误影响，可以通过学校教育加以修正，这种观点是非常荒谬的。因为没有哪个护工、幼儿园老师或家庭教师，能像真正的母亲那样对孩子充满兴趣，以最大的耐心和爱心去吸引孩子的注意力、赢得孩子的信任。相比于在正常家庭长大的孩子，在孤儿院长大的孩子看起来更为孤僻内向，为什么？因为后者缺少母亲或母亲式的人物，在他们和其他人之间建立起一座沟通之桥，赢得他们的信任和关注，并把这种感情扩展到生活的各个方面。所以对孤儿来说，最好的救助方法，是帮他们找一个正常的家庭，让他们感受到家庭的温暖。

父亲的角色

在家庭生活中，父亲的地位和母亲一样重要。母亲最先和孩子建立关系，父亲的影响则稍晚一些。就像我们之前说的那样，母亲在赢得了孩子的信赖后，如果没有尽快引导孩子对父亲和他人产生兴趣，孩子社会感的发展就会受到抑制。父母关系不好，对孩子来说，也是一件非常危险的事。母亲觉得丈夫总有一天会离开自己，就想独占孩子。父母双方为了个人利益，把孩子当成战利品一样你争我夺。他们都想把孩子留在自己身边，希望孩子只爱自己不爱对方。孩子发现父母间的争执可以让自己获利——两个人都想讨自己的欢心——可能会想办法延续这种竞争关系。比如看谁更宠爱自己，就表现得和谁更亲近。在这种环境下长大的孩子，不能成为合作方面的高手，因为他最先接触到的合作关系，就是父母这样恶劣的合作。他对婚姻和异性伴侣的最初概念，就是从父母的关系中获得的。冰冷的、充满戾气的家庭氛围，会让孩子对婚姻产生悲观心理。一定要及早纠正他们的这种认知，不然，孩子长大后，会对婚姻关系望而却步，觉得婚姻只会带来不幸，他们会想方设法避开异性，即使有异性示爱，他们也不敢接受。

父亲最重要的使命，就是和妻子、孩子、社会建立起良好的合作关系。他必须解决好生活中的三大问题——工作、友情、爱情，让这三种关系处于平衡状态。他要有强烈的责任感，能够照顾好自己的家庭。他要以平等的立场和妻子建立合作关系，绝不能轻视女性在家庭中的地位和价值，必须明白母亲是他的合作伙伴，母亲的地位容不得任何贬低和轻视。一个称职的父亲，绝不会因为自己是家里唯一的经济支柱，就摆出一副高高在上的施舍者的姿态。一个和谐美满的家庭必然有明确的分工，所有家庭成员各司其职。父亲赚钱养家，只是家庭分工的结果。很多父亲因为自己挣钱多，就想成为家里的统治者，却不知道，家是最容不得独裁统治的地方，任何能够造成不平等感觉的言行都该受到严厉抵制。对男性地位的推崇，让很多女人对婚姻关系产生了排斥心理，即使结了婚，也总是满怀戒备，生怕自己成为受到奴役和压制的一方。因为妻子收入低，就自觉高人一等，这不是一个父亲该做的事。妻子能不能帮忙养家并不重要。真正幸福的家庭，绝不会计较家里谁赚钱多，谁赚钱少。

父亲对孩子的影响非常大。有的孩子把父亲当榜样，有的孩子把父亲当仇敌。无论何时，惩罚（尤其是体罚）都不是一种良好的教育方式。真正有效的教育一定是温和的。可是在生活中，很多父亲都扮演着惩罚者的角色。这主要是因为以下几个原因。一个层面是，在我们的传统思想中，很多人都认为母亲应该是温和的，父亲应该是严厉的。所以，在孩子犯错的时候，很多母亲不自己处罚孩子，而是对他说："等你爸回来，看他怎么收拾你。"这样的话无疑是在暗示孩子，父亲才是这个家里真正的权威，这种做法也会损害孩子和父亲的关系，想想吧，谁会和一个严厉的惩罚者做朋友呢？另一个层面是，很多女性不愿意自己惩罚孩子，是怕以后孩子就和自己不亲近了。可是把这种事推给父亲，就很明智吗？对孩子来说，母亲虽然没有亲自动手，却把他交到了严厉的父亲手中，是个"告密者"，所以相比于父亲，弄不好更怨恨母亲呢！很多女人直到现在还把"告诉你爸"当成威胁孩子的一种手段。不难想象，这些孩子将如何看待自己的父亲。

如果父亲能以积极的态度处理生活中的三大问题，就能赢得所有家人的喜爱。他要把家庭变成社会生活的一部分，多结交一些朋友，这样才不会产生孤立无援、动辄得咎的感觉。如果父亲能把社会感带入家庭，家人就会像他一样，竭尽所能地和社会建立起良好的合作关系。丈夫和妻子的社会关系不必完全重合。我们每个人都要有自己的社交圈，这非常重要。有一点需要格外注意，就是不能让友情影响家庭。夫妻关系再亲密友好，也不用时时刻刻黏在一起。但丈夫不能将妻子完全隔离到自己的社交圈之外，因为这样一来，丈夫很容易把生活重心放在家庭以外的地方。在孩子的发展过程中，一定要让他明白，家庭是社会的一部分，在家庭之外，还有很多值得结交和信赖的朋友。

父亲想要教会孩子合作技巧，最好的办法是以身作则，先和自己的父母亲人、朋友邻居处好关系。当然，他必须离开父母的家，独立生活。这样孩子就会明白，自己长大后虽然也会有自己的家庭，但这不意味着和之前的家庭断绝关系。如果一对夫妻结婚前都很得父母宠爱，对原有家庭有很强的依赖感，那么结婚后，他们难免要把更多的注意力放在父母的家上。对他们来说，父母的家才是真正的家。把父母当成家庭核心的人，因为不够独立，很难建立真正属于自己的家。这个问题和每个人的合作能力密切相关。

很多父母对子女（尤其是儿子）的生活过于关心，给刚刚建立的小家庭带来了很多原本可以避免的麻烦。生活中，因为公婆管得太多，妻子觉得受到了轻视和羞辱，为此恼怒不已的情况并不少见。父母对这桩婚事的抵触情绪越重，越容易发生这种情况。父母的所有阻碍和排斥，不论对错，都只该停留在两人成婚之前。婚姻关系一旦确立，作为父母，就只能祝孩子们婚姻幸福了。丈夫必须知道，妻子和父母间所有矛盾的根源在哪儿（比如妻子出身不好），并以宽容平和的心态来对待这件事。既然妻子是自己选的，就不要因为父母的指摘而心生动摇，他要引导父母接受妻子。夫妻不必把父母的意愿当成自己的行为准则。当然，如果妻子有能力和公婆建立起良好的合作关系，生活也能更顺利一些。

几乎所有的人都认为，一个合格的父亲必须有赚钱养家的能力。也就是说，他必须磨炼自己的工作技能，成为家里主要的经历来源。当然，妻子和孩子在这方面也可以为他提供一些帮助，但在我们的传统文化中，父亲一直是经济责任的主要承担者。一个优秀的男人必须有强烈的事业心，强大的合作能力，精湛的工作技巧。父亲的工作态度会直接影响子女的工作态度，所以他必须找一份有价值的、对社会发展有益的工作。只要这份工作对社会有利，即使对他本人没什么好处（利己主义者从赚钱和名誉的角度，或许会有这样的想法），也没什么关系。

男人要怎么做，才能建立和谐美满的幸福家庭呢？关键是要爱自己的妻子。夫妻之间有没有爱，很容易就能看出来，如果丈夫深爱自己的妻子，自然会把妻子的幸福当成自己的人生目标，他会努力工作，让妻子过上更加舒心和快乐的生活，如果妻子深爱丈夫，就会竭尽所能营造温馨舒适的家庭环境，取悦自己的丈夫。只有夫妻双方都认为家庭利益高于个人利益时，才能建立起真正平等的合作关系。

不过，在孩子面前，丈夫最好表现得克制一些。夫妻之爱和父母对子女的爱是两种完全不同的感情，不应该互相抵触，也无法相互替代。父母太过亲密，孩子会觉得自己受到了忽视，有些孩子因为嫉妒，甚至会把父亲或母亲当成竞争对手。

在现代社会中，男人不管是在社会生活的参与程度上，还是活动范围上，都要比女人多一些，所以他们对各种社会制度的优缺点、本国和世界其他国家的相互关系、社会道德体系等问题的了解，往往也比女人更加深入，所以在家庭中，这方面的教育工作，最好由父亲来承担。他要像朋友一样提出一些中肯、公正的意见，不能夸大其词，也不能摆出一副老师的姿态，说些虚无缥缈的空话。

一个家庭想要建立真正的合作关系，就不能允许任何权威的存在。在教养孩子方面，所有问题父母都要共同协商解决。他们要公平地对待每一个孩子，这一点非常重要。如果孩子觉得自己没有其他兄弟姐妹受重视，就会产生自卑心理。如果父母偏爱儿子，女儿就会失去自信。孩子是非常脆弱也非常敏感的，再乖巧懂事的孩子，也会因为父母的偏心而走上错误的人生道路。聪明、漂亮的孩子虽然更讨喜，但身为父母必须尽可能隐藏自己的偏爱情绪，以免挑起其他孩子的嫉妒心和自卑情绪，影响其合作能力的发展。父母不能只是说："我对所有孩子都一样。"还要用切实的行动打消孩子心里的疑虑，让他们真切地意识到父母对自己的爱和对其他兄弟姐妹的爱是一样的。

孩子只有觉得自己和其他人拥有平等的地位，才能积极地参与到社会活动中。有个现象非常奇怪，就是同一个家庭培养出来的孩子可能截然不同。有些科学家说："这是因为起决定作用的遗传基因不一样。"事实并非如此。这一点，只要观察一下树苗的生长情况就能发现。即使是同一片土地上的两棵树苗，成长环境也可能截然不同。有的树更容易得到充足的阳光和丰富的养分，长得自然就比其他树更快。有了这样的优势后，时间越久，它对其他树木的影响就越大，因为它会争夺其他树苗的养分和阳光。如此一来，其他树木的生长就会越发缓慢。

同样，过于优秀的家庭成员一定会影响其他孩子的健康成长。不要以为这种情况只发生在孩子之间，如果父亲或母亲太过优秀，其他成员一样会被压得抬不起头来。声名赫赫的父亲，会给孩子带来巨大的心理压力，他们非常自卑，觉得自己无论如何努力，也无法超越父亲，觉得生活毫无乐趣。所以身为父母，无论在自己的行业里有多大的成就，为了孩子的健康发展，在家里也要尽量表现得谦逊、低调一些。

学校是连接家庭和社会的桥梁

当我们离开家，进入学校（幼儿园）时，有没有跃跃欲试地想要在这个陌生的环境里成为受人瞩目的焦点，试着争夺一下领导权？很多孩子都有过这样的心理历程。如果老师非常严苛，他会想办法逃走，每天都很焦虑，觉得心烦意乱、坐立难安。这是神经官能症的早期症状。如果学校环境非常友好，他过得轻松惬意，就会觉得自己成了一位领导者。这时他是学生领袖，一个成功者。

幼儿园从某种意义上说，也是一个小型的社会，所有孩子都要遵守这里的规章制度。一定要培养孩子对这个小集体的兴趣和为它做贡献的意识。我们知道，人生价值只有放在集体的环境中才是有意义的。所以想将孩子培养成一个有意义的人，首先得让他把更多的注意力放在他人，而非自己身上。

因为公立学校的环境和幼儿园非常接近，所以我们很容易就能想象出孩子在这里将遭遇哪些问题。相比起来，私立学校因为学生少，老师很容易就能照顾到每个学生的情况，所以环境会更加友善一些，这里"没有"问题儿童。学校大肆表扬他，说他是学校里最聪明、最优秀的学生。他是班里的风云人物，在家里也会变得更加懂事、乖巧。只要有一方面表现优异，他就感到满足了。

如果孩子上学后性格忽然变好了，那么一定是他在学校找到了优越感，处于优势地位。可惜通常的情况则刚好相反。在家里乖巧懂事的孩子，到了学校却成了混世魔王。

学校位于家庭和社会之间，就像一座桥，可以让孩子更加顺利地从家庭走入社会。孩子在学校里的表现，在某种程度上，也会成为他在社会中的表现。但有一点我们必须注意，就是和学校相比，社会环境往往更为复杂和恶劣。为什么有的人在家和学校非常聪明、能干，到了社会上却碌碌无为，先是得了神经官能症，最后成了精神病患者？很多人都不明白这种情况是怎么发生的，其实是因为学校和家庭的有利环境遮掩了孩子的原型问题（这也意味着没有人能真正理解他们，并适时地对他们的缺陷加以引导和修正），进入社会后，原型缺陷忽然爆发出来。

在有利环境中发现处于隐藏状态的错误原型，这件事虽然很有些难度，却是我们必须做的。我们一定要学会这种技能，至少要能察觉它的存在。在顺境中，孩子身上的错误原型大致有这样一些征兆：对社会不感兴趣又想成为他人视线的焦点，又脏又懒，晚上哭闹不止，不肯好好睡觉，尿床，总之，是想方设法地给身边的人制造麻烦，浪费别人的时间。他们会把焦虑当成一种强迫性的手段，让别人不得不满足他们的要求——只要他们意识到自己的焦虑有这样的效果。这些都是错误原型在有利环境中容易出现的一些特质。知道这些表现，可以让我们迅速地察觉错误原型的存在。

离开家庭融入社会的问题

对同类充满兴趣，是人类能走到今天的一个重要原因。我们回溯历史，一定会发现：无论何时，家都是人类得以凝聚到一起最基本的单位；不仅如此，我们还与家庭之外的人彼此帮扶。"爱你的邻居"作为基督教的教义，从科学角度看同样是有价值的。对同胞不感兴趣的人在遇到困难时，不是逃避退缩，就是为了个人私利而不顾他人死活。生活中的失败者，大多是这种人。

人生中的三大问题密切相关

前面说过，人类的生活由三个重要事实构成，并受其制约。我们发现，人类必须面对的三大问题其实也是三个重要事实的具体体现。这三个问题不能逐一解决，想要解决其中任何一个，都要看另外两个问题能否被顺利解决。

第一个事实是所有人都生活在地球上，不能离开——这个事实是职业问题的基础。地球为我们提供了所有的生存资源，土地、森林、空气、矿藏等都源于此，但一切资源都是有限的。我们必须直面这一问题并找出解决之道，这也是人类长久以来最大的烦恼和最重要的工作。可惜直到今天，我们也没有找到一个足够完美的答案。但无论如何，我们总要不断磨炼和提升自己，尽可能拉近和完美答案之间的距离。

好在，我们通过自己的不断努力，已经找到了解决职业问题的最佳方法。这个方法和第二个问题的解决密切相关。

约束人类的第二个事实是地球上的所有人都是人类，属于一个种族——这个事实是友谊问题的基础。如果地球上只有一个人，那么他只能自己解决生活中的各种问题。他的行为举止，一定带有独居动物才有的种种特性。可是，地球上的人类并不唯一。而且脆弱的身体条件和危险重生的环境，也不允许我们独自生活。所以人类只要没离开地球，就必须时刻和他人生活在一起、关注他人、迎合他人的喜好、和他人建立合作关系。想要解决这个问题，最好的办法就是建立友谊，发展合作能力和社会感。这个问题的解决，毫无疑问，对第一个问题的解决大有助益。

合作是分工的基础，有了分工合作，人类的幸福才有保障。如果所有人都不愿意合作，不愿意利用前人的成果，只想凭一己之力在地球上生活，那人类还有明天可言吗？如果没有分工和合作，那人类连历史都不会有。

任何一个行业的技术进步都离不开分工。将各种技术人才、各种能力（即使是非常微小的力量）集中在一起，让所有人都参与到社会活动中，为全人类的福祉和安全做出应有的贡献，让每一个人都有用武之地，这就是合作分工的好处。分工合作无论到了什么时候，都有更进一步的空间。如果我们想在社会上占有一席之地，想要解决自己的职业问题，就必须参与到人类分工合作的框架中，为他人的利益贡献力量。

有些人一直在逃避职业问题，他们不想工作，对工作漠不关心，对人类的共同利益自然更是如此。可是，大家发现没有，越是这样的人越免不了要祈求他人的帮助。他们自己没有为社会做出任何贡献，却指望着别人的劳动成果。在父母的宠溺下长大的孩子，大多如此。他们希望别人能帮他们解决所有问题。这种行为损害了正常合作关系的建立，给那些积极解决生活问题的人带来了极大的麻烦和困扰。

约束人类的第三个事实是，人类由男人和女人两种性别构成——这个事实是婚姻和爱情问题的基础。任何人想为人类的延续做贡献，都要求助于异性，并履行自己的性别职责。所有人都要面对恋爱和结婚的问题。这个问题的解决，和前两个问题的顺利解决同样密切相关。一个分工合作方面表现得一塌糊涂、没有工作，也没有朋友的人，如何能拥有一段和谐美满的幸福婚姻？当今社会，关于婚姻问题的最佳解决方案是一夫一妻制，因为它最符合人类共同利益和分工合作制度。

个人的合作意愿和合作能力，决定了他将如何解决这三个问题。在人类的生活中，这三个问题彼此纠缠、密不可分。解决了其中任何一个，都能极大地促进另外两个的解决。所以从某种意义上说，这三个问题其实是同一个问题的不同层面。这个问题就是在当前的环境下，如何保存生命、维持血脉。

必须尽早确定职业意向

在人类的分工制度中,母亲也是一种地位尊崇的职业,并不比任何其他职业逊色,这一点尤其需要注意。如果一位母亲对子女的生命抱有浓厚的兴趣,以母亲的身份努力引导孩子健康发展,在赢得孩子的信赖后,将这种信赖扩展到了他生活的方方面面,努力培养孩子的社会感和合作能力,她便已对人类做出了巨大的贡献。

传统文化严重低估了母亲的贡献,将母亲当成了一种低贱的没有价值的工作,这是一件非常恐怖的事。没人会为母亲发薪水,即使她工作得非常努力。全职母亲在经济上总要依靠他人。可是,想要建立幸福的家庭,就要保证父亲和母亲的工作具有同等的地位和价值。不管母亲是外出工作,还是在家做全职主妇,她对家庭的贡献都不会比丈夫更低。我们必须像尊敬父亲一样尊重母亲,给予她和父亲一样的地位。

最先影响孩子职业兴趣的人,一定是母亲。孩子四五岁前所受的教育和磨炼,将对他以后各方面的发展产生至关重要的影响。在帮助别人做职业辅导时，我们一定要弄清楚他最开始那几年的状态和兴趣，因为最初的记忆会告诉我们，他一直在用何种方式生活，他的原型和统觉规划表是什么样的。

职业训练的第二步是由学校完成的。就像我们知道的那样，学校现在已经加强了关于孩子未来职业选择方面的训练，孩子的各项器官，眼、耳、口、鼻等，都有相应的训练内容。这完全是为了满足孩子日后发展的需要。这种训练对于孩子的职业发展非常重要，并不比一般学科逊色。有些人说："在学校学的拉丁语、法语、数学、地理之类的知识，我已经忘得差不多了。"可是谁敢说，这些科目的学习并不重要呢？事实证明，学习这些科目可以极大地促进我们心灵的发展。有些新式学校花了大量精力培养孩子的动手能力，对孩子进行职业训练，这能帮孩子树立自信心，对孩子的发展大有好处。

在孩童时期就已经确定了自己未来将从事何种职业的人，他未来的道路也会较为平顺。如果你问孩子以后想做什么，他多半立即就能给你一个确定的答案。比如以后要当飞行员、司机、歌星、舞蹈家、科学家等，虽然这个答案很可能只是他的一时兴起，但是他自己都不知道为什么要做出这样的选择。这些回答显露的是他们最感兴趣的工作，我们可以在此基础上找出他们的兴趣点，知道他们更倾向于朝着哪个方向努力、他们的优越目标和达成这一目标的具体方法是什么。之后，我们要做的自然是多多鼓励他们，给他们信心，让他们勇敢地朝着这一职业目标努力前进。

如果孩子到了十四五岁，还对自己的职业方向没有任何感觉和规划，他的人生之路就会遇到较多的阻碍。没有自信心不代表没有理想和抱负，他可能只是不敢说出来。只有耐心观察，我们才能发现这样的孩子到底喜欢什么，愿意为何种兴趣努力到最后。有些人直到高中毕业，仍旧满心迷茫，没有找到任何职业目标。他们可能学习很好，只是对未来的生活拿不定主意。这样的孩子大多志向远大，只是性格孤僻，不喜欢与人合作。他们不知道自己在社会分工中该扮演什么样的角色，也不知道要怎么做才能把理想变成现实。

成年后仍然没有确定的职业目标，甚至连工作都没有的人，可能在生命之初就已经踏上了歧途。他们不知道该如何处理生活中的各种问题，遇到麻烦，不是毫无作为就是逃避退让。我们必须找出这种思想的成因，只有这样，才能用科学的方法加以纠正。如果我们生活在那样一种地方——不用劳动就能得到自己想要的一切，那么备受推崇的品质可能就不是勤劳，而是懒惰了。可是在地球上，我们的生存环境是每个人都得努力工作，而且所有工作都要求我们有良好的合作能力和为他人做贡献的精神。

早期努力可以为未来的成功打下最坚实的基础。一个三四岁的小女孩在玩娃娃时，某一刻她可能想到要亲自给这个娃娃做一件衣裳。这个时候，如果我们鼓励她几句，再教她一些做衣服的技巧，她可能真的会努力做出一件衣服来。可是，如果在那个时候，我们大呼小叫地说："别玩针，小心扎到你。自己做衣服多麻烦，买一件不就行了！"她多半也就放弃了这种努力。比较一下这两种情况，女孩的生活将会发生怎样的变化。在前一种情况中，女孩得到大人的鼓励，发掘出了对艺术的兴趣；在后一种情况中，女孩觉得买来的东西一定比自己做的好，兴趣发展受到了遏制。

有些人喜欢把工作当成逃避爱情和社会问题的借口。比如，很多年轻人都说自己太忙没有时间谈恋爱。一些疯狂热爱工作的男人可能会说："我的婚姻确实不幸福，但这怎么能怪我呢？我这么忙，哪有时间照顾家小？"精神病人更是竭尽所能地逃避爱情和社会问题。他们不知道该怎么和异性接触，也没什么朋友。事实上，他们对其他人根本就不感兴趣。工作贯穿了他们的整个生活，无论白天黑夜，他们脑子里无时无刻不在想工作上的事，这让他们的精神一直无法放松，结果患上了胃溃疡之类的疾病。生病之后，他们更有理由逃避爱情和社会问题了。还有一些人只要工作上遇到一点麻烦，就想要辞职换一个工作,他们说只有这样,才能找到更适合自己的职位和行业,其实他们只是缺少毅力。一个没有胆量和韧劲的人,有什么工作是适合他的?他又能成什么事?

从游戏中找到兴趣

很多人都不知道自己到底喜欢什么,有什么样的兴趣爱好。其实,儿时的游戏最能体现一个人的喜好和天赋。现在,我们不妨回忆一下自己小时候都爱玩什么吧!

游戏是孩童生活中的一种重要现象。它可以清晰地展现出孩子是以何种方法为未来生活做准备的。千万不要以为游戏只是父母和老师一时的突发奇想,只是一种单纯的娱乐活动,目的就是逗孩子开心,陪孩子打发时间。我们必须注意到游戏更重要的作用:推动孩子精神、想象和生存技能的发展。换言之,它是一种辅助教育方式,就像幼狮的追逐打闹其实是在锻炼捕猎技巧一样。我们可以从孩子游戏时的表现(他对待游戏的态度、喜欢玩什么、喜欢扮演什么角色、玩得是否投入等)看出很多事情,比如他和所处环境之间的关系、和其他人建立联系的方式等。只要仔细观察一下孩子玩游戏时的状态,就能看出他对他人是否友善,有没有成为领导者的意向和渴望(这一点尤为明显)。孩子所有的人生态度都可以在游戏中显露出来，因为对每一个孩子来说，游戏的重要性都是无可比拟的。教育学教授格罗斯最早提出"应把游戏看成儿童对未来生活的准备"这一观点，他还发现动物玩耍时也有这样的趋向。

不过，除了为未来的人生做准备，游戏更重要的作用是能够展现并提高孩子的社会感，这是一种社会练习。如果一个孩子总是逃避游戏活动、不愿意和其他孩子一起玩耍，我们就会对他适应生活的能力产生怀疑。从不主动参与游戏，即使偶尔和其他小朋友一起玩，也会把愉悦的气氛弄僵，这样的孩子大多非常骄傲，自尊心也强，生怕自己在游戏中表现欠佳。他不参与游戏，其实是害怕别人发现他的不足和缺陷。

游戏中另一个不容忽略的因素是超越他人的渴望。玩游戏的时候，很多孩子都想当领导者和指挥官，这充分显露了孩子对优越感的追逐。只要看看孩子做游戏时的表现欲和他有没有想方设法成为游戏的主角，就能知道他有多渴望成为受人瞩目的焦点了。为人生做准备、社会感、追逐优越感，这三大要素，我们在孩子的任何游戏中都能发现至少一个。

当然，游戏中还包含了很多其他因素，比如展现孩童的喜好和天赋。孩子总能在游戏中找到一个适合自己的位置，通过和其他孩童的交流，他本身的潜能也会越来越多地被挖掘出来。游戏是儿童对未来生活的准备，如果从这个角度去看，游戏尤其是那些可以激发孩子创造力和创新能力的游戏，就有了非常重要的意义和价值。比如，很多服装设计师，小时候都给娃娃做过衣服。

　　游戏和心灵密不可分。请务必把游戏当成孩子的一种工作或职业。如果你不想阻碍孩子的发展，就不要在他做游戏的时候打扰他。游戏是孩子为未来生活所做的准备，几乎所有游戏都能在某种程度上，显露出孩子成年后的性格。所以，千万不要把游戏当成单纯的用来消磨时间的娱乐活动。了解一个人的童年生活，可以让我们对他做出更加准确的评价。

爱你的邻居

和同类建立联系，是人类最古老的奋斗目标之一。对同类充满兴趣，是人类能走到今天的一个非常重要的原因。

我们回溯历史，一定会发现：无论何时，家都是整个人类得以凝聚到一起最基本的单位。我们每个人对其他家庭成员感兴趣，都要关心爱护自己的家人。原始部落用共同的符号聚集、沟通，建立合作关系。最原始的宗教，就是对图腾的崇拜。有的部落崇拜蜥蜴，有的部落崇拜水牛或蛇。崇拜同一种图腾的人会聚集到一起共同生活，在彼此扶持中，建立同族情谊。这些原始习惯极大地促进了人类合作热情的发展。在原始宗教祭祀日，崇拜同一种图腾的人为了维护族群的利益，会开会讨论各种社会问题，比如如何躲避洪水和野兽，如何抓捕猎物，如何抵御严寒，等等。

"爱你的邻居"，这是基督教的一项重要教义，也是人类为了发展自己的同胞情谊所做的另一种努力。有趣的是，从科学角度同样能证明这个方法的价值。被宠坏的孩子说：

"我为什么要爱自己的邻居,难道不该是他们来爱我吗?"单从这句话,就可以看出他的性格有多自私,合作热情有多低下了。对同胞不感兴趣的人在遇到困难时,往往不知该如何解决,最后不是逃避退缩,就是为了保护个人利益而不顾他人死活。我们看到的那些失败者,大多是这样的人。

所有的宗教都提倡合作,只是方法各有不同。我们支持一切倡导合作且能提高个人合作能力的宗教。提升合作能力的方法多种多样,谁也不知道什么是绝对真理,所以没必要争吵、批评、贬低他人。

我们必须坚决抵制不劳而获、自私自利的思想,因为这种思想无论对个人还是对集体都有百害而无一利。对他人的兴趣是激发人类各项潜能的工具。听、说、读、写,这些最基本的能力都是为了和人沟通才被创造出来的。语言是人类共同智慧的结晶,是社会兴趣的产物。了解别人,了解别人的真实意愿,这不是个人目标,而是整个人类的共同目标。共同利益将我们和其他人连接在一切,让我们自觉接受常识的约束和限制。

有些人无时无刻不在考虑自己和自己的优越感,他们以为自己是世界的核心,想让所有人都围着自己转。可其他人又怎么会认同这样的想法?这种人的合作能力通常都很糟糕。只对自己感兴趣的人,总会露出一副茫然、卑鄙的神情。我们在犯罪者和精神病人脸上也时常能够看到这种神情。这种人无论男女老幼，大多非常狂妄和自私，他们谁都看不起，也不敢直视他人的眼睛。很多精神病患者都无法和他人建立正常的合作关系，甚至连最基本的沟通和交往都做不到——只要和人接触，就会脸红、结巴，严重的还有阳痿、早泄的情况。需要注意的是，所有这些情况，都是因为他们对其他人缺乏兴趣。

人孤僻到一定程度，就会发疯。想要解救他们，唯一的办法就是激发他们的社会兴趣。精神病人总是想方设法拉开自己和他人之间的距离。在这方面，唯一能与之一较高下的就是以自杀来逃避生活的人。精神病之所以难治，原因就在这里。精神病人戒心总是很强，想要获得他们的信任，就要用最为仁慈和友善的态度来对待他们，还要付出极大的耐心。

一个患有重度精神分裂症的女孩，在遇到这样一位医生之前，已经患病八年了，后两年完全是在精神病院度过的。她像狗一样流着口水、又喊又叫、用牙撕咬衣服，甚至想把手绢吞进肚子里。很明显，她并不认同自己人类的身份，一举一动都像是在说："我就是一条狗。"调查发现，这也是发病的原因——她觉得自己在母亲心里就是一条狗。她通过模仿狗的行为告诉我们："人类太蠢了，我宁愿当一条狗。"那位医生在她身边陪了整整八天，不停地找机会和她说话，用最亲切、温和的态度对待她。女孩受到了鼓舞，过了大概一个月，终于和医生说了第一句话。

　　这类病人即使受到鼓舞，有了一些勇气，也完全不知道接下来该怎么办。他们对其他同胞一直持强烈的抗拒态度，现在虽然暂且恢复了一些勇气。但这点勇气还不足以支撑他们和其他人建立正常的合作关系，他们感到非常茫然和惶恐，所以这个时候，他们会有何种表现，不难想象。他们开始像那些问题儿童一样，故意做出一些富有攻击性的行为。比如砸东西、打人。这个女孩也是这样。她开口后做的第一件事，就是打人。医生对此没有任何反应。他很清楚，这个时候最能让病患感到惊诧的做法，就是什么都不做。好在女孩病了八年，身体柔弱，气力有限。无论女孩怎么打、怎么闹，医生都是一副温柔可亲的样子，女孩因为太过惊讶，心里的敌意反倒被压制了下去。但她还是不知道该怎么面对自己刚刚恢复的勇气。她砸窗户时，伤到了自己的手指。医生一句责备的话都没说，温柔地帮她包扎伤口。遇到有攻击性的病人，人们通常会把他们关起来，但这明显起不到救治病人的作用，有时还会加重病情。最好的办法是激起他们对他人的兴趣，和他们建立合作关系。不要指望疯子的行为举止能和正常人一样，那怎么可能？人的情绪是需要宣泄的，对于有精神问题的人，最好的救治方法就是让他们随心所欲地发泄，不想吃饭就不吃，不想睡觉就不睡，想撕东西就撕，想喊就喊，想叫就叫。

女孩后来恢复了健康。有一次，医生在去精神病院的路上遇到她，她问医生去哪儿。医生说："去你之前住过的那家精神病院。"女孩说："正好我要去那里复诊，我们一起走吧。"女孩主动邀人同行，这表明她的社会感增强了。到了医院之后，医生去探望一位病人。女孩去找责任医师复诊。后来这位医生和给女孩复诊的医生聊天，对方气冲冲地说："她恢复得很好，就是太会惹人生气了。"之后，女孩的表现一直都很正常，身体健康，工作顺利，也有很多关系很好的朋友，谁也看不出她曾经有过那样严重的精神问题。

我们很容易就能看出抑郁症患者、妄想症病人与正常人之间的区别。对他人缺乏兴趣，缺少合作精神，是他们出现精神疾患的一个重要原因。如果他们能了解合作的必要性，并积极培养自己对他人的兴趣，发展自己的合作能力，其实很快就能恢复健康。

很多人以为缺乏社会兴趣，对他人来说是没有任何损害的，事实并非如此。过失犯罪就是缺乏社会兴趣对他人造成伤害的典型案例。

把点燃的火把掉在了地上，引起森林火灾；下班时，忘了收走马路上的电缆，导致汽车碾上电缆，司机死亡；放在上铺床头的剪刀掉下来，戳伤了下铺的人。这几个案例的肇事者都没有故意伤害的意图。站在道德的角度上，没有人可以指责他们。可是，有一点是毋庸置疑的，就是他们没有足够的为他人考虑、为他人的安全负责的意识和经验。合作意识强的人，会下意识地照顾他人的安全。在生活中，我们可以看到很多缺乏合作精神的表现，比如踩到别人的脚、打碎杯子、损坏公物等，还有各种损人不利己的行为。

一个交游广阔、婚姻幸福、工作顺利，且能为社会的发展贡献力量的人，不会觉得自己处处不如人或者输给了谁。他们相信社会是温暖的，无论遇到什么事，都能冷静、积极地想办法解决。他们永远都能发现其他人可爱的一面，不惧怕生活中的任何难题。他们清楚地知道，自己在人类历史长河中只占据了非常微小的一部分，用不了多久也会融入历史中。但他们也相信自己是人类的现在和未来的一部分，他们必须通过合作为人类的共同进步和社会财富的增长贡献力量。这个世界有很多不足，我们不得不面对各种丑陋、艰苦、悲痛的瞬间，但仍有很多温暖、幸福和光明值得我们去追寻和珍惜。

爱情与婚姻是两个人齐心协力的合作

德国某个地区有一种非常古老的风俗，可以检验新婚男女在未来的婚姻中能否幸福美满。

举行婚礼之前，新人会被带到一个广场上，那里放着一棵事先被砍倒的大树。新人要用一把两边带有拉手的锯子锯断这棵树。这个实验可以检验他们的合作程度。两人同时拉一根锯条，如果动作不同步，互相给对方拖后腿，锯树的工作就很难取得进展。如果一方为了表现自己，说服另一方不要参加，锯树工作就会花费很多时间，效果也很难保证。如果双方配合默契，锯树工作自然能又快又好地完成。如此看来，德国人早就明白合作是构建幸福家庭的基本条件了。

爱情和婚姻的实质，是人类对伴侣最诚挚的奉献。真心相爱、愿意共度一生的人，必要心灵相通，渴望碰触伴侣的身体，渴望和伴侣共同抚养子女。爱情和婚姻的关键是合作，不要以为这种合作只是为了维护丈夫与妻子的利益，这也是为了维护整个社会的共同利益。

爱情和婚姻是为了人类共同利益而建立的合作关系，这个观点可以解释所有婚恋问题，包括求爱时，我们对伴侣外形的苛求。就像之前说过的那样，因为身体太过脆弱，人类无法在这个荒芜的星球上获得永生，只能借助肉体的吸引力和繁殖能力，让生命在儿女的身上传递下去。

现代人在爱情和婚姻中，会遇到各种各样的难题。已婚夫妇要面对的不只是双方父母对他们生活的关心和干预，事实上，整个社会都会卷入他们的婚姻关系中。想要解决这个问题，必须抛开所有私人情感，用客观的态度观察问题、思考问题。在追寻答案的过程中，要竭尽所能不让任何其他因素干扰我们的思考。

这不是说，要把爱情和婚姻当作一个完全孤立的问题来看待。如果一个人真的对他人感兴趣，有强烈的社会感，他一定会时刻关注同伴的幸福，遇到任何问题，都不会想着通过损害他人利益的方式来解决，在爱情和婚姻上，他更希望保全对方的幸福。他可能并不知道自己在按这样的方式解决问题，也不知道自己的奋斗目标到底是什么。但你只要看看他的行动，就会发现为他人带来幸福、为社会发展贡献力量，就像是他的本能选择。他的每一步都在无意识地朝这个方向迈进。他的所有言行举止都表明，他对人类的幸福充满兴趣。

很多人从不关心人类的幸福，在他们的人生观里，没有

"我能为人类做出何种贡献""我要怎么做才能让团体里的其他人获益"这样的想法,有的只是"生活有什么价值,能给我带来什么好处?我要付出什么,才能得到自己想要的一切?其他人是怎么看我的,他们是否欣赏我"。用这种态度生活的人,在面对爱情和婚姻问题时,自然也是抱着这样的思想和观点。他会不停地想:"我能从中得到什么好处?"

爱情与婚姻中的很多问题都和集体利益、人类兴趣密切相关。只有兼顾整个人类的利益,才能真正解决爱情与婚姻问题,否则,一切讨论和努力都将失去意义。

从这个角度出发,我们会看到一些更加本质的东西,比如爱情其实是两个人齐心协力的合作。对很多人来说,这都是一种全新的工作。我们学过怎么单独工作,怎么和一群人一起工作,可谁又学过始终和另一个人捆在一起工作呢?几乎没有人有这种经验。在这种新情况中,我们一定会遇到很多困难。可是,两个人若是对彼此有足够的兴趣和好感,合作的难度就会降低很多。我们甚至可以说,婚姻问题最根本的解决之道,就是夫妻间的爱,他们必须爱伴侣甚于自己。想要建立幸福美满的婚姻,这一前提不可或缺。

只有认识到这一点,我们才能提出可以真正改善婚姻关系的建议和措施。如果夫妻双方都对伴侣比对自己更感兴趣,他们之间就不会有不平等的问题。如果他们能坦诚地对待彼此，全心全意地为对方的利益服务，就不会觉得自己受到了奴役或地位低下。只有夫妻双方都以这样的态度经营婚姻，平等才有实现的可能。只有两个人都竭尽所能想让对方过上平稳、舒适的生活，才不会出现缺乏安全感的情况。他们会感到自己是有价值的，对对方而言是不可或缺的。由此，我们可以知道婚姻的基础保障和幸福婚姻真正的模样。在这种婚姻里，你会觉得自己有着无与伦比的价值和难以取代的地位，你会感到伴侣对你的需要，感觉到你们的亲密关系中，不仅有亲情和爱情，还有友情。

充满合作精神的婚姻，不会把妻子或丈夫变成另一方的附庸。两个人中如果有一人想要成为掌控者，压制领导另一方，那么这段婚姻必将与快乐绝缘。直到今天，仍有很多男人认为自己应该成为家里的主宰者和统治者，也就是所谓的一家之主，连很多女人都这样想。很多婚姻最后以失败告终，都是因为这个。谁能满心欢喜地接受低人一等的位置呢？夫妻之间必须是平等的，唯有如此，他们才能团结一心、共同面对生活中的各种困难。只有地位平等的夫妻，才能在生育问题上达成共识。他们知道放弃生育的决定，对人类的发展将有怎样的影响。他们遇到任何问题都会积极想办法，尽快解决，因为他们很清楚，不愉快的家庭氛围会严重损害孩子的心灵和性格发展。

最糟糕的情况，莫过于只顾个人利益。利己主义者每天想的都是"我要怎么做才能得到更多好处和利益"。他从不关心伴侣的喜怒哀乐，只想追求个人的潇洒和自由。可他寻求快乐的方向从根本上就是错的，又怎么能过上幸福快乐的生活呢？这种行为谈不上犯罪，只能说是选错了解决问题的方法。我们绝不能用贪图享乐和逃避责任的态度来面对自己的婚姻。信任是婚姻的基础。犹豫和多疑只会给婚姻增加一条条难以弥补的裂痕。只有坚定不移地和伴侣建立良好的合作关系，我们才能收获真正的爱情和幸福的婚姻。

这种决心和毅力，不仅体现在生儿育女上，也体现在对子女的教育和抚养上。我们要认真传授他们合作技巧，将他们培养成合格的公民，成为人类种族中平等的、有责任心的社会成员。

教育子女最好的方法，就是让自己的婚姻更加幸福和美满。婚姻和工作一样，都有自己的规则。只选自己喜欢的，逃避自己不喜欢的，一定会损害夫妻间的合作关系。

通过下面这个案例，我们可以看到过分关注个人感受，如何损害了婚姻本身乃至夫妻双方的利益。

有一对夫妻受教育程度都很高，之前也都离过婚，非常希望这次的婚姻能好过上一次。他们总结了很多经验，一心寻求补救的办法，却没有意识到上次婚姻失败是因为合作能力匮乏，对伴侣和社会没有足够的兴趣。他们说自己是自由主义者，推崇自由的婚姻关系（开放式婚姻），认为约束会让人产生厌倦心理。他们约定：两个人都有绝对的自由，可以随心所欲地想做什么就做什么，但要彼此坦诚、相互信赖。

丈夫每天下班回家都会和妻子讲述自己的各种风流韵事——他的勇气实在让人钦佩。妻子听了这些事居然一点都不生气，不仅如此，还满脸骄傲，好像丈夫做的事非常伟大一样。妻子也想像丈夫一样风流潇洒，可是还没行动，就患上了广场恐怖症。生病后，她不敢单独出门，每次只要一离开家，就觉得非常焦虑和恐惧。广场恐怖症，表面上看是她在逃避外出（像她丈夫那样风流浪荡）的一种手段，实际上，也限制了丈夫的行为。在妻子痊愈前，他必须在家好好照顾她，再也不能像过去那样肆无忌惮地在外边风流快活了。如此一来，丈夫便失去了行动自由，夫妻双方的约定就此失效。妻子想要痊愈，必须得弄清楚婚姻的本质是什么，丈夫也应把婚姻视为一种合作关系。

一个人能够与异性建立良好和合作关系，最重要的前提是，他要有面对异性的勇气。个人的生活方式决定了他将如何接近异性、向异性表达爱意。人在恋爱期间表现出来的气质和他的种种行为可以告诉我们：他对人类的未来是否信心十足，他有没有强大的合作能力，他是不是把所有的注意力都放在了自己身上,他有没有胆量面对异性,是不是总在心里琢磨我会遇到什么,他们会怎么评价我。

一个人求爱的态度,无论是谨慎小心,还是激进热情,都必定符合他的生活方式。人的恋爱气质和恋爱时的种种行为,只是他生活方式的一种外在表现。只靠恋爱时的表现来评价一个人适不适合结婚,是一种非常武断的做法。因为在恋爱的情境下,人的目标非常明确和单一,他自然可以勇敢、果决。但在其他情境下,他也许是个非常怯懦和犹疑的人。当然,恋爱行为的参考价值,也是不容忽视的。

生物学家认为,不管是一夫一妻制还是一夫多妻制,其实都不符合人类的天性。关于哪种婚姻制度更好这个问题,在学术上虽然很难达成共识,但在现实的角度上,答案却再明显不过。人有两种性别、每个人都要和其他人一起生活在地球上,想要解决生活中的各种问题,唯一的办法就是和他人建立平等的合作关系,所有这些事实都在告诉我们:想要获得完美的爱情和婚姻,只有一个办法,就是实行一夫一妻制。

从内到外的自我观察

无意识，是心灵活动的重要元素。有一个现象很有意思，就是我们在意识领域总会发现一些和个体行为相悖的思想，但在无意识领域，却能发现个体最真实的行为模式。比如，有些贪慕虚荣的女人会故意穿一些非常朴素的衣服，她自己可能并不清楚驱使她做出这种行为的，其实是潜藏在心底的无意识的虚荣。

不可忽视的外部特征

我们在认识一个人的时候，最先看到的是他的身体活动——他的站姿坐姿、走路的姿态、说话的语气、脸上的神情等。他所有的这些表现带给人的直观印象，决定了我们是喜欢他还是讨厌他。同样，我们也可以将这种观察用在自己身上。

当我们留心观察一个人的站姿时，无论他是男是女、是老是幼，最先注意的，通常是他站得够不够直，有没有弯腰驼背。需要注意的是某些特别夸张的姿态。站得笔直确实能给人一种精神勃发的感觉，但如果挺得太直，我们就要怀疑他有没有用力过度了。也就是说他可能特意做出了笔直的姿态。人在心虚的时候，很容易做出一些弥补过度的行为。我们由此推断，他的自我感觉可能远不如他表现出来的那么良好。单从这一个微小的细节，就能看出优越情结对人的影响有多大了。比如，他想让自己看起来更加勇敢和伟岸。如果他没有这么紧张，那这一目标，或许已经实现了。

反过来，如果一个人站着的时候总是一副弯腰驼背、萎靡不振的样子，那他的性格多半是懦弱而不是勇敢坚毅的。当然，个体心理学是一门非常谨慎的科学和艺术，无论何时，我们都不该只靠某一方面的证据，就得出任何确定的结论。即使对自己的观点非常自信，我们也要以审慎的态度寻找其他证据证明我们的判断。在得出结论之前，我们必须再问一句："弯腰驼背的人一定是懦弱的吗？这样的人在遇到困难时会有怎样的表现呢？"

如果你仔细观察过那些站得七歪八扭的人，就会发现他们总想靠着什么东西，比如一根柱子、一堵墙等。这种人不相信自己的力量，总想得到他人的帮助。这种姿态所显露出来的心理状况，和弯腰驼背是一样的。这两种姿态的同时存在，从某种意义上说，也证明了我们之前的判断——弯腰驼背的人大多性格懦弱。

个性独立的孩子和总想得到他人庇护的孩子，在姿势上有着明显的区别。所以，通过孩子的站姿和他与人接触的方式，我们可以看出他的独立程度。请务必相信这一点，因为我们已经掌握了足够的证据。只要这一结论得到证实，我们马上就可以采取行动，修正孩子的错误原型，将其引上正轨。

对于总想得到他人庇护的孩子，我们可以做这样一个实验：找一些人和孩子的母亲一起坐在房间里，然后让孩子走进去。你会发现孩子进屋后,根本不看其他人,而是直接走到母亲身边,靠在母亲身上或者椅子上。这也证明了我们之前的猜测是对的,即他非常渴望得到他人的帮助。

还可以观察一下孩子与外界接触的方式,这也非常有趣,因为融入环境的方式和态度,显露出了他的社会兴趣、适应环境的能力,以及他对其他人的戒备情况。孤僻、不合群的人,在生活的很多方面都会表现出严肃、冷淡的性格特点。他们很少说话,总是冷冰冰的。

大家应该已经发现了,以上所有情形都表明了这样一个事实,即每个人都是一个整体,他用统一的方式来面对生活中的各种问题。

有位女士到医院看病。医生让她坐下说话(他以为她会坐到自己身边)。女人四下看了看,然后找了一张离医生最远的椅子坐下。由此可以看出,她并不愿意和人建立联系。她告诉医生自己已婚,这表明她只想和丈夫建立联系,渴望丈夫的疼惜和宠爱。她讨厌独处,一个人待着会陷入焦虑。她要求丈夫下班后必须立即回家,如果丈夫没有按时回来,她会坐立不安、慌乱不已。她不敢独自出门,也不愿意把时间耗费在结交朋友上,对她来说,交友是一件非常无聊和无趣的事。总之,单是从她的这一个动作,我们就能对她的性格有大致的了解。

她说无法摆脱的焦虑让她心神俱疲。可是如果你不知道焦虑有时会成为一个人控制另一个人的武器，你就无法理解这句话的真正含义。一个患有焦虑症的人，无论是成人还是孩子，总能获得另外一个人的帮助和支持，这一点不难想象。

有些人总是靠在墙壁边上或者倚着桌子、柱子，好像不靠着什么，就不会站着一样，这都是缺乏勇气和独立性的表现。这种人非常懦弱，做事瞻前顾后，犹豫不决。我们不妨研究一下他们的原型。

有个男孩在学校里显得非常羞怯内向。这表明他不愿意，或者说不敢和其他人建立联系，这是一个非常重要的情况。他一个要好的朋友都没有，每天刚到学校，就想着放学。他下楼时要贴着墙，每一级台阶都走得很慢，到了街上，就一路疯跑回家。他上课时从不主动回答问题，学习成绩很差。如果说学校里有什么东西留给他的印象最为深刻，那一定是各处的墙壁，因为学习生活没有带给他任何乐趣。他总想回到妈妈身边。他的母亲是个寡妇，身材娇小瘦弱，对他疼爱有加。

为了多了解一些情况，医生特地找到他母亲谈了一次。医生问："他是不是经常哭？"母亲说："没有。""晚上睡觉时也不哭吗？""不哭。""他会尿床吗？""不会。"

医生觉得很奇怪，这和他的推论完全不符。如果他的结论是对的，那这中间一定有什么东西是被忽略的，难道这对母子尚未分床？他会这样猜测，自然是有根据的。孩子晚上哭闹，是为了引起母亲的注意，如果母亲和他睡在一起，就没必要哭闹不休了。事实证明，他的猜测果然没错，这对母子一直睡在一起。

生活中的每一件微不足道的小事，都是生活模式中的一个元素，需要我们仔细观察。目标可以帮我们做出很多判断。比如之前案例中的那个男孩，他的目标就是时时刻刻待在母亲身边。一个胆小怯懦、没有强大意志力的孩子，又怎么能制订出合理的生活计划呢？

"智商"高低，与个人成就关系不大

智力因素可以帮我们对个人的心灵现象做出评价。我们在评价一个人的时候，需要注意自我评价的真实价值。换句话说，在这方面自我评价意义不大，因为每个人都会犯错，也都想给别人留下一个比较好的印象，所以自我评价里一定有很多隐藏的、虚假的内容。自我评价的参考性在于，它可以让我们从目标对象的语言表达和思维方式入手，来研究这个人的人格特征。想要对一个人做出正确的评价，个人的言谈和思维是不可忽视的部分。

天赋是人在做出判断时展现出的某种特殊能力。人们为了研究天赋问题，做出了各种各样的努力。用于检验孩子和成人智商水平的智力测试，是天赋研究最有名的一项成果。可惜直到现在，也没有哪个智力测试能让所有人都满意。学校的老师即使不给学生做专门的测试，也能较为精准地判断出学生的智力水平，这对他们来说，根本不是难事。就连一开始对智力测试推崇备至的实验心理学家，心里其实也明白，这种测试从某种意义上说根本就是多此一举。更重要的是，很多测试结果非常糟糕的孩子，过了一段时间再测一次，你会发现他们的智力水平又变得非常高了。这不难理解，因为孩子的思维能力和判断力一直在发展，而且这种发展并没有确定的规律和规则。如此一来，智力测试就更没有什么价值和必要了。

还有一点需要注意，就是城里的孩子和社交圈很广的孩子，在这种测试里的表现往往更好，这是由他们的生活范围决定的。接触的东西多，智力发展的速度和水平往往也更高，但这永远不会是最终的结果。在测试中，这种孩子表现得非常出色，而那些农村的、生活圈比较窄的孩子，因为准备不足，会显得十分逊色。尽管这个成绩其实并不可靠。

就像我们知道的那样，富人家的孩子在八岁到十岁时，智力水平普遍高于同等年纪的穷人家的孩子。但是这种差异是由生活环境所决定的，和天赋无关。

直到今天，我们在智力测试上也没有取得很大进步。在柏林、汉堡的测试中表现极好的那些孩子，他们中的很多人在以后的生活中也没表现出十分优秀的一面，这虽然有些可惜，但也进一步证明了，一个人能不能成为一个伟大的人、能否过上幸福生活，并不是由智力测试的结果决定的。

智力测试判断的是个人当前智力的发展程度，而个体心理学试验研究的是个体发展过程中隐藏的积极元素，所以相比起来,后者其实更加可信和有效。更重要的是,个性心理学的相关研究能在必要的时候,改变孩子的原型错误,促进孩子的健康发展。总之,我们一定要将自己的思维能力、判断力和其他心灵活动联系到一起,不能割裂智力活动和心灵活动之间的关系。这也是个体心理学的一项基本原则。

勇敢还是怯懦

越是受宠的孩子，越容易出现独立性差、怯懦畏缩、犹豫不决的情况。因为他在家里得到了所有人的关注，无论遇到什么事，都有人给他提意见，甚至帮他拿主意，推着他前行。他完全不需要自己思考，也不用为自己的选择承担责任，就这样，他只能在别人的帮助下生活，成了所有人的负担。他用这种方式来实现自己的优越目标——掌控他人。就像我们前边说的那样，这种优越目标是自卑情结的结果。只有对自身力量没有任何信心的人，才会用这样简单的方式追逐成功。

有个十七岁的男孩，就是这种情况。他原本是家里的长子，是父母最关心和关注的人，可是弟弟出生后，他失去了自己的王位。几乎每个有弟妹的长子都有这样的经历。他觉得生活失去了乐趣，变得非常焦虑和暴躁。他每个工作都干不长，总是在换工作。有一天，他忽然想到了死。他吓坏了，立即到医院找医生帮忙。他对医生说前天晚上他做梦梦见自己一枪杀了父亲。这表明他非常压抑，也非常懒惰。懒惰是一种非常危险的品性。不管是学校里懒惰的孩子，还是社会上懒散无用的大人，都站在危险的岔路口。懒惰有时是一种表现方式，这种人一旦落入难以挣脱的困境，很容易就会出现精神问题，甚至有自杀的倾向。查明这种人的心理状态，是一种颇有难度的科学工作。

怯懦也是一种非常危险的品性，对大人如此，对孩子也一样如此。如果不对怯懦的孩子加以引导，帮他们改掉怯懦的性格，他们的一生都会过得非常艰难。孩子只有战胜了怯懦，他们的生活才会是快乐和富有色彩的。我们的文化就是这样，所有美好的事物，包括美满的结局，都是给勇者准备的。勇敢的人即使遭遇失败，也不会伤得太重，可是懦弱的人，遇到任何危险，都会躲到对生活无意义的一面。怯懦的人比其他人更容易出现精神问题，甚至成为精神病人。他们非常自卑，不敢和人接触来往，就算和人待在一起，也表现得非常木讷和冷硬，沉默寡言，一副生人勿近的样子。

前面说的这些特征都属于心理态度的范畴。心理态度不是天生或遗传来的，只是个体对环境做出的反应。这是遇到问题时，个人的生活习惯帮统觉做出的回答。这种回答不像哲学家期待的那样，具有严密的逻辑性。它只是一种惯性反应，这种反应的基础是对童年经历的错误解读。

我们知道这种态度在反常的人身上是如何建立起来并发挥作用的。但我们并不清楚它对正常人会有怎样的影响。就像我们之前说过的那样，原型阶段的生活习惯比之后的生活习惯更加简单和明确。从某种意义上说，原型就像是一个青涩的果子，要吸收空气、肥料、水等各种各样的养分才能发育成熟。如果说原型是青涩的果子，那么生活习惯就应该是成熟的果子。比较起来，切开未成熟的果子进行检验，比切开成熟的果子进行检查自然要容易一些。不过两者包含的信息，在很大程度上都是相同的。

比如，一个孩子从小就很懦弱，他的所有行为举止都明显地表现出了这样的特性。我们一眼就能看出他和那些好斗的、富有攻击性的孩子，有很大不同。后者具有某种程度的勇气，这是常识告诉我们的。可是有些时候，一个非常懦弱的孩子也会有一些英勇的表现。在他想要争夺冠军或引起他人的注意时，就会出现这种情况。比如下面这个例子中的男孩。他和几个男孩去河边玩，其他人都会游泳，就他不会。那些孩子说他不敢下水，说他胆小。他经不住激，一下跳进河里，水很深，他差点就被淹死了。这种勇敢属于生活无意义的一面，和真正的勇敢并不是一回事。他这么做只是为了赢得大家的钦佩，他希望有人能把他救回来。

你信命吗

勇敢和懦弱，在心理层面上，和我们相信什么有很大关系。比如宿命论。生活中，我们经常会遇到这样的人，遇到几次挫折就说自己命不好，把失败的责任全都归咎到老天和命运上，说自己霉运缠身，难以摆脱。他越是这样相信，做事时就越紧张畏惧。失败的时候，他会和别人说："你看，我果然命不好。"成功的时候也是战战兢兢，生怕哪天会从高处摔落。

有些人信命，是为了逃避现实生活中的各种责任和义务。如果我们相信所有事都是命运的安排，还会积极地想办法解决现实生活中的各种问题吗？既然成功失败都是上天注定好的，我们也就不必为了找工作，而努力磨炼自己的业务能力了；既然姻缘天定，我们也就不必为了寻找生命中的另一半而劳心费神了。这样的人生岂不是轻松恣意得多？

有些人有这样一种优越感，觉得自己无所不能、无所不知，根本用不着学习。这样的人会有什么样的结局，不难想象。有这种优越感的孩子，学习成绩一定非常糟糕。有些人喜欢冒险，他们相信自己不会遇到任何危险，也永远都不会失败。可惜，最后的结果往往不如他们想象的那样美好。

在重大灾难中侥幸存活的人，也容易成为宿命论的支持者。他们相信自己的存在是为了完成某些伟大的使命。有个男人就曾经有过这样的想法，可是后来发生的事，和他预料的完全不符。幻想破灭后，他变得萎靡不振、勇气尽失。现实打碎了他的精神支柱。

在他的记忆中有这样一段经历，对他的影响非常大。他说有一次他定好了要去维也纳的一家戏院看戏，可是忽然发生了一件事，他必须马上处理。结果等他办完事赶到戏院，发现戏院已经被大火烧毁了。那是一次非常严重的事故，死了很多人，唯有他毫发无伤。他认为是老天救了自己一命，因为他肩负着某些非常重大的使命。之后，他做的每一件事都很顺利，直到他的婚姻遭遇失败。这次失败，让他失去了所有的勇气。

人们为什么追逐、信仰宿命论？这里有很多可说、可写的内容。宿命论不仅可以影响个人，也可以影响整个国家和文明。在这里，我们重点研究的是：它如何影响了个人的生活习惯及其心理活动的动机。笃信命运，有时只是一种逃避生活的方式。既然命运已经做好了安排，我们还有必要不屈不挠地和困难做斗争，沿着积极向上的路一往无前吗？所以对宿命论追逐，只是一种虚假的心理依托，效果和麻醉剂类似。

无意识潜藏着更真实的人格

有些心理机能在意识的范畴内是找不到的。从广义的角度讲,无意识也是一种心灵活动,而且是心灵活动的重要元素。有一个现象很有意思,就是我们在意识领域总会发现一些和个体行为相悖的思想,但在无意识领域,却能发现个体最真实的行为模式。比如,有些贪慕虚荣的女人会故意穿一些非常朴素的衣服,她自己可能并不清楚驱使她做出这种行为的,其实是潜藏在心底的无意识的虚荣。所有人都知道虚荣是一种愚蠢的品性,这是整个人类的共同认知。

按照个人对自己无意识活动的了解情况,可以将人分成两种,一种是平均水平以上,一种是平均水平以下。调查发现,前一种人的活动范围更大,社会感更强,后一种人的活动范围更小,社会感更弱。消极懦弱的人,无法像那些了解生活规则的人一样理智、透彻地观察人生,他们目光短浅,看不到生活更为广阔的一面,事实上,他们连眼前的难题都无法战胜,每一刻都觉得压力巨大。他们把生活当成了一场布满荆棘的旅程，只敢在一个非常狭窄的圈子里活动。他们没有亲密的朋友，把所有精力都耗费在了生活中无意义的一面上。他们感受不到生活的乐趣，对任何人或事都提不起兴趣。他们怕事情超出自己的掌控，畏惧一切陌生的环境。

前面说的这两种人，第一种人活得更加理智，面对生活中的各种难题，总能冷静、客观地去找寻解决的办法，他们有明确的生活目标，永远知道自己想要什么、该做什么；第二种人活得更加感性，面对生活中的种种问题，他们的处理方式大多盲目、缺少理性，无意识或者说感情控制了他们的言行举止。这两种人若是生活在一起，必定会发生很多争执。他们彼此对立，又都想说服对方。生活中，这种情况并不少见。双方都觉得自己是对的，对方胡搅蛮缠、不讲道理，还会举各种例子证明自己并不是制造争端的那个人，很想和大家和谐共处。

无意识的力量非常强大，可以悄无声息地左右甚至决定我们的言行。某些时候，人们会忽然被一种难以想象的力量控制住。这种力量的忽然爆发有时会改变我们生活的轨迹，甚至将我们推入绝境，这便是无意识的恐怖之处。陀思妥耶夫斯基[1]用绝妙的文笔在小说《白痴》中写下了这样一段让心理学家拍案叫绝的场景：有一次，公爵（小说的主角）在参加宴会

---

1 费奥多尔·米哈伊洛维奇·陀思妥耶夫斯基（1821—1881），俄国批判现实主义作家，现代主义文学鼻祖。代表作《白夜》《罪与罚》《白痴》《群魔》。

时遇到了一个非常刻薄的贵妇人。贵妇用嘲讽的语气告诫公爵，不要把边上的花瓶碰倒了，那是一只中国花瓶，非常昂贵。公爵说自己一定非常小心，可是几分钟后，那只花瓶就被推倒在地摔碎了。所有人都认为那只花瓶是被公爵故意碰倒的，因为贵妇人的话明显是在羞辱公爵，而公爵也不是一个肯忍气吞声的人。

想要真正了解一个人，只看他的言行和态度是不够的，还要观察他身上那些小细节。那些连他自己都没注意的小细节往往更能显露出他的真正人格。因为完美无缺的包装和矫饰，是不存在的。有些人喜欢咬指甲或抠鼻子，他们不知道自己怎么会养成这种不文明的习惯，也不知道这种习惯可以清晰地暴露出他倔强的性格。为什么说这样的人性格倔强？很容易解释，因为大人看到孩子有这样的坏习惯一定会斥责他们，可是无论遭受多少斥责和惩罚，他们仍然没有改正错误。那些有强大的观察力和丰富人生经历的人，完全可以通过这些细枝末节的表现，对他人做出精准的评价。

心灵会将某些对精神活动至关重要的东西保存在意识里，为了维持个体的行为模式，也会将一些东西保存在无意识中。通过下面的这个例子，我们可以看到，将某些事物保存在无意识中可以极大地减轻个人的精神压力。

有个男孩非常优秀。他父亲是个老师，多年来一直督促他要做班里的第一名。他很争气,不管是在学习上,还是在生活上,都表现得非常出色。他是社交场的宠儿,幽默风趣,还有几个关系很好的朋友。

可是在他十八岁那年,事情忽然起了变化。他觉得生活毫无乐趣,满心的焦躁、忧郁,只想远离所有人和所有的事,还一次次地斩断刚刚建立起来的友情。所有人都意识到他有些反常,担心他遇到了什么难以解决的问题。可是他的父亲却认为他不出门刚好可以把更多的时间花在学业上。

在接受心理疏导的时候,男孩不停地埋怨自己的父亲,说他剥夺了自己所有的人生乐趣。男孩说自己一无所有,没有信心也没有勇气继续生活,说自己注定要孤独悲惨地过一辈子。他告诉医生,所有的这些改变始于一次聚会,当时,他因为对现代文学一无所知成了朋友们的笑柄。类似经历的重复出现,让他的自尊心受到了严重的打击。每次看到三三两两聚在一起的人群,他就觉得他们在嘲笑他,他越来越不愿意和人接触,学习成绩一落千丈。大学时,他的很多功课都亮起了红灯。他认为自己的悲惨遭遇全是因为父亲,因此和父亲的关系越来越差,一心想要离开这个纷扰嘈杂的世界。

案例中的病人仇视父亲,认为自己遇到这些事完全是父亲的过错。他斩断自己和生活的所有联系,可越是这样,他就越焦躁,以致后来对生活失去了信心,甚至想离开生命的舞台。可是，我们不相信他会这样对自己说："既然我当不了英雄，那我就从生活中离开，痛苦地过一辈子。"

他父亲的教育方式确实有错，可是男孩对父亲的怨恨，明显是在给自己的失败找借口。他认为自己有一个光辉的过去，将来也必定会出人头地，可是现在父亲错误的教育方式阻碍了他的发展，他的未来成了泡影，父亲必须为此承担责任。

他无意识里或多或少一定有这样的想法："我现在不能像以前一样轻易取得第一名，继续留在前沿阵地非常危险，我应该马上撤出战场。"没有人会直接说出这样的话（因为它会暴露我们性格中的懦弱），只会默默地采取行动，当然在行动的同时，还要为自己的行为找一个合理的借口，比如案例中这个男孩。他通过不断指责父亲错误的教育方法，成功地逃避了社会和所有必须由他本人做出的决定。

他的这种想法只能停留在无意识中，如果上升到意识层面，他的秘密行动就会受到干扰。没有人会质疑他的能力，因为他过去成就非凡。就算在以后的日子里，他一败涂地，也不会有人指责他，只会说他父亲的教育方式让他受到了伤害。这个儿子是受害者，也是原告和法官。他当然不肯放弃这一有利地位。他很清楚：只要自己继续采用这种方法，就没有人能责备他，所有的过错都是父亲的。

你经常分心吗

专注是心灵的一项重要特征，在所有能力中扮演着至关重要的角色。当我们用自己的感官去体察身体或身体外的某种特殊事物时，会有一种特别的紧张感。这种感受不会蔓延到全身，只会局限在某些特殊器官里。在某件事上集中精力的紧张感，和即将行动的紧张感类似。以眼睛为例，当我们紧盯着一样东西的时候，就会产生这种紧张感。

专注的意愿会让心灵的一角或某个运动组织紧张起来，从而摒弃对其他部位的感觉。换言之，当我们专心于某一事物时，会希望排除所有其他方面的干扰。对心灵而言，专心代表了一种意向：要和某种确定事实建立直接联系。专心相当于对心灵发出了积极准备的信号，让我们在某种特殊情况下把所有注意力指向特定目标。

虽然每个人都有集中注意力的能力（病人和智力低下的人除外），但在现实生活中，我们仍然会遇到一些难以集中注意力的情况。比如非常疲惫或生病受伤的时候，比如目标对象实在让人提不起兴趣的时候，在这种事物上集中精力有悖于我们的行为模式，反过来，若是遇到另一些与兴趣相符的事物，我们马上就能提起精神了。这样看来，不能集中注意力的关键其实是抗拒的倾向，这种倾向很容易出现在孩子身上。有这种倾向的孩子，无论你给他们什么，或者让他们做什么，他们的回答都是否定的。所以，我们必须消除这种带有偏见的抗拒。想要提高孩子的专注能力，得先让他们变得更加乐观和宽容。具体做法就是在孩子的学习内容和行为模式之间建立联系，将前者变成孩子生活方式的一部分。

我们在接触外界事物时，会调动起所有的身体器官，用眼睛看，用耳朵听，用鼻子闻，用触觉去感受。但每个人占据主导地位的器官都不一样：有些人能看、能听、能感受，对所有变化都很敏感；有些人则主要靠眼睛或耳朵去认知和感受世界；还有一些人对视觉性事物毫无兴趣，睁着眼睛也如盲人一般，看不到也留意不到任何事物。我们可能会发现有些人在最感兴趣的事物面前仍旧无法集中精力，这可能是因为受到刺激的不是他最敏感的器官。

唤醒注意力的关键，是培养个体对世界最真挚的兴趣。兴趣可以说是注意力的基石，它的精神层次比注意力要深刻得多。只要有兴趣在，我们就不必为注意力的问题忧心不已，因为兴趣是最好的引导者，是最为有效和便利的工具，可以让人热情洋溢、全神贯注地投身于某个专业领域。只是每个人在发展过程中都可能犯错。如果某种错误在他身上固定下来，那他的兴趣多半也要指向对生活无益的一面。比如，有些人只对自己感兴趣，所以他把所有的注意力都放在自己身上，有人对权力感兴趣，所以把所有的注意力都放在了对权力的争夺上，除非别的事物能比权力更吸引他，否则，他的注意力就不会从权力上转移出去。当孩子觉得自己受到了忽视或没那么重要时，他会集中精力引起他人的注意。相反，如果他觉得某件事和他无关或者不够重要，他的注意力马上就会发生转移。这种情况，在我们的生活中十分常见。

注意力不集中或者说不专心，本质上，其实是个人对眼前的情境不感兴趣，想要从中抽离出去。所以，"一个人不能专心"这种说法从根本上就是错的，我们只是没有找到能让他感兴趣的东西。没有毅力、没有激情和不能专心属于同一种问题。这样的人只是把百折不挠的韧劲和活力用在了人生中的无意义的一面。换句话说，他们的问题不是没有这些品质，而是他们追逐的目标和我们期待的不一样。想要改变这种情况，唯一的办法就是改变他们的生活方式。

注意力不集中很容易成为一种固定的性格特征。我们最好不要长时间做自己不喜欢的工作。不然，当工作成了一种折磨时，又有几个人能够用认真负责的态度强迫自己集中精力呢？就算起初能做到，时间一长，也只能敷衍塞责、应付差事了。当无法集中精力成了固定的习惯和性格特征时，别人再要交给你什么工作，你也会在习惯的作用下"消极怠工"。

内涵丰富的早期记忆

如果你想真正地改变自己,就要明白原型错误对人生轨迹的重大影响,就要正视儿时的生活经历。肠胃不好的孩子,会本能地记住自己听见或看到的有关食物的知识;左撇子会说这一"缺陷"给他带来了何种影响,事实上,他的思维模式和行为模式都将受到这一特征的影响;有弟弟、妹妹的人,会说自己曾经多受母亲宠爱;父亲脾气不好的人,会说自己从小到大所受的伤害……

出生早晚对人的影响

有个现象很有意思：就是每个孩子的生长环境都不一样，即使在同一个家庭长大的两个孩子，他们的生存环境也会存在很大差异。父母可能觉得自己教育每一个孩子的方式都一样，但对孩子来说，他感受到的氛围却与他人完全不同。

所有的长子都曾经是家里唯一的孩子，拥有国王般的地位，可是随着弟弟、妹妹的降生，他的环境忽然发生了变化，他必须适应并接受这种改变——从国王到普通的国民。这可能是人生中最悲惨的一件事。这种巨变让他的原型多了一丝悲剧色彩。过去，父母只关心他一个人，现在他有了一个竞争对手。其他孩子也可能遇到这种情况，但他们的感受不会像长子这么强烈，因为弟弟、妹妹降生前，他们已经有过和其他孩子合作的经验，从未独占过父母的关怀和照料。

家庭内部环境的差异，还和父母对待男孩、女孩的不同方式有关。在我们的文化中，男权思想非常严重。所以很多父母相比于女儿，更偏爱儿子。在这种环境中长大的女孩，对自身性别会有一定程度的抵触情绪，有些女孩非常自卑，觉得只有男人才能有所成就，所以无论做什么事都犹豫不决，面对生活中的种种难题，一味地退缩和逃避。

　　第二个孩子的成长环境和第一个孩子截然不同。他的位置非常特别，从出生那一刻起，他就知道父母不独属于自己，他要和另一个孩子建立合作关系。可是那个孩子无论在体力还是智力发育上都比他快了一步，他想要追上那个人，就得竭尽全力。这种竞争会影响他在家庭中的地位，将伴随他的一生。第二个孩子喜欢挑战权威，具有强烈的反抗精神。他在家里的特殊地位，可以很好地诠释他的性格。典型的次子很容易辨认，他的生活就像是一场比赛，每次有人走到他前面，他都会紧走两步追上去。

　　家里最小的孩子往往也最为活跃，他们能力出众，乐于迎接生活中的一切挑战。我们在很多传说和历史中都能看到幼子的成功。比如《圣经》里的约瑟夫，有些人也许会反驳说，约瑟夫并不是家里的幼子，他还有一个弟弟，可是弟弟出生时，约瑟夫已经十七岁了，弟弟从未参与过他的童年。换句话说，约瑟夫其实是以幼子的身份长大的。他想打败所有人，就算在梦中，也不允许任何人超越自己。他的光芒超越了所有的兄弟。

　　我们要研究童年生活对人的性格造成了怎样的影响，之后的人生阅历又对个人的性格特征产生了哪些影响。如果你想重新开始，如果你想真正地改变自己，就要明白原型错误对人生轨迹的重大影响，就要正视儿时的生活经历。

早期记忆是原型的一部分，是我们了解原型和人格的重要工具。当我们追问一个人的童年记忆时，他会和我们说什么呢？肠胃不好的孩子，会本能地记住自己听见或看到的有关食物的知识；左撇子会说这一"缺陷"给他带来了何种影响，事实上，他的思维模式和行为模式都将受到这一特征的影响；有弟弟、妹妹的人，会说自己曾经多受母亲宠爱；父亲脾气不好的人，会说自己从小到大所受的伤害；受到敌视的人，会说同学们对自己的侮辱和排挤。

我们想要真正了解一个人，就一定要对他的童年记忆有所了解。因为它可以告诉我们某种生活态度是在什么样的情况下产生的，已经存在了多长时间。童年记忆代表了他对早期生活环境的认知与评价，是一种整体印象。从这种认知中，我们可以知道，他如何看待自己的容貌，他对自我概念的塑造和他人对自己的期许等。理解早期记忆需要强大的同理心——把自己当成那个幼小的孩子，理解他的感受和处境的能力。这种理解是一门艺术。没有这种同理心，我们就无法感受到在一个更小的孩子出现时，大一点的孩子在心理上会受到多大程度的冲击，面对暴怒的父亲孩子有多么惶恐和惧怕。

记忆是生活备忘录

记忆比任何心灵现象都更能显露出我们心底的秘密。记忆就像是一个随身携带的特殊物品,能让人记起自己所处的环境和环境中的种种限制。所有记忆都是有价值的,无论它有多么微小和琐碎。一切能被人记住的事都有其特殊意义,没有人可以否认记忆的价值。记忆会悄悄告诉你:"这是你想要的。""这是你不想要的。""什么样的生活才是你追求的目标。"所以,记忆在某种意义上,也是人的"生活备忘录"。它用这些故事不停地警告或安慰我们,让我们只能专心致志地朝着某一特定的目标努力,按照过往的经验和已被验证的模式来应对未来的生活。

我们每天都在用记忆平衡自己的情绪。遇到困难的时候、消沉的时候,我们会想过去的类似经历。仔细观察身边的每一个人,你会发现悲观的人记住的都是过去的伤痛,乐观的人记住的都是曾经的欢乐。在遭遇困境时,乐观的人会从过往的记忆中得到勇气和力量。

如果说梦可以让人看到自己的内心,那记忆也同样如此。很多人在面对抉择时,会梦到自己顺利通过考验的过去。他们把选择当成了一种考验,想重现过往取得成功时的心境。记忆的内容会对情绪变化产生巨大影响,每个人都遵守这一原则。

快乐的记忆能让人摆脱忧郁情绪。一个人若是反复告诉自己"你命中注定要成为一个悲剧人物",那他自然只会记住一些悲惨的往事。

记忆一定与个人的生活方式相符。如果优越目标要求一个人把所有人都当成敌人,那他的记忆里的温情就会非常少,他只能记住那些受到伤害和排挤的瞬间。当生活方式发生变化时,记忆也会跟着发生变化。即使是同一件事,对记忆的理解和感受也会完全不同。

早期记忆至关重要。它可以显示出生活方式的源头和生活方式最简单的外在表现。通过早期记忆,我们可以判断一个人儿时有没有受到忽视或溺爱,他的合作能力如何,喜欢和谁在一起,遇到过什么问题,选择了怎样的解决方式。

如果一个人从小就有眼疾,渴望拥有正常的视力,那他的早期记忆里一定有很多和视觉有关的内容。在回忆时,他可能会说:"我四下观察……"可能会把每一种事物的形状和颜色都描述得一清二楚。不良于行的孩子,我们一定能在他的早期记忆里看到对正常行动的渴望。

从童年时期就留下的深刻记忆，必定和个人兴趣非常接近。我们若想了解一个人的目标和生活风格，就要知道他的兴趣主要集中在哪儿。这对心理治疗、职业选择都有非常重大的价值。

除此之外，早期记忆还可以显示出个人与父母家人的关系。早期记忆之所以重要，不是因为它的正确性和真实性，而是因为它可以显露出个人的自我判断："我从小就是这样一个人"，或是"我从小就生活在这样一个世界里"。

想要真正了解一个人的生活风格，无论他是大人还是孩子，最好的办法就是等他抱怨完，仔细询问一下他的早期记忆，看看他的抱怨和这些早期记忆之间是否有什么联系。

生活习惯不会轻易发生改变。一个人永远是同一个整体，脾气秉性是一贯的，总是保持着相同的特点。就像我们说的那样，生活习惯是在个人追求优越的目标过程中形成的，所以他的一言一行、种种感情都遵循这一完整的行动路线。这个行动路线在早期记忆中表现得尤为明显。

我们不能将新旧记忆完全区分开，因为新记忆和行动路线同样是相符的。但我们必须从早期记忆中探寻行动路线，因为只有在这个阶段我们才能更加清楚地探明，他的人生主题和他的生活风格为什么那样难以改变。过去的记忆会在很大程度上影响个人当前的行为。人在四五岁的时候，生活习惯就已基本成型。所以，我们必然可以得出这样一个结论：早期记忆记录了部分真实的原型。

人在回忆过去的时候，在脑海中浮现的都是一些和他有情感联系的事物。如此一来，我们就找到了一条线索，可以探究其性格特征。我们必须承认，被遗忘的经历同样对生活习惯和原型起到了至关重要的作用。但是，这些记忆既然已经被遗忘或者被隐藏到无意识之中，想要再将它们找出来，就非常困难了。记忆不管是有意识的还是无意识的，都有一个共同特征，即它们都是完整原型的一部分，都指向同一个优越目标。既然两者同样重要，最好的办法自然是将它们一起挖出来。而想要做到这一点，就要问问当事人的亲朋好友了。因为那些被他遗忘的记忆，他的亲人朋友或许还记得。

我们不妨先来谈谈有意识的记忆。在回想早期记忆时，我们也许会发现自己好像什么都不记得，不要着急，只要集中精力，努力回忆，总能想起什么的。有些人在回忆早期记忆时，表现得非常犹豫和拖沓，这可能是因为他对童年记忆持排斥态度，因为他的童年并不快乐。这时，要给他们一些引导、暗示，让他们想起一些事，这样我们才能得到自己想要的信息。

有些人说自己记事的时间很早，连一岁时的事都能想起来。这几乎是不可能的。他所谓的记忆多半是自己想象出来的。但是记忆,无论是真实的还是想象的,在人格的塑造上,都起到了同等重要的作用。也就是说,记忆真实与否并不重要。有人说他记忆中的某件事他不知道是真实发生的,还是父母告诉他的,这也不重要。因为就算是父母告诉他的,他也一样记在了心里,也一样能让我们对他的性格和兴趣有所了解。对早期记忆而言,有两点最为重要:一个是记忆的内容,一个是描绘记忆的方式。早期记忆是人生观得以建立的基础,也是个人发展的起点。

记忆的形式

对早期记忆进行分类，可以更加清晰地展示出什么类型的人会有怎样的行为模式，这是一种非常便捷的方法。举个例子，有个人说他的早期记忆里有一棵圣诞树，这棵树被装饰得非常漂亮，挂着五颜六色的彩带、彩灯、糖果礼物。在这段记忆里，最有趣的地方就是他确实看到过这一幕情景。这棵圣诞树之所以能给他留下如此深刻的印象，很可能是因为他的心灵是视觉型的，对画面和色彩非常敏感。他眼睛不太好，一直在努力克服视力上的缺陷。他有意识地训练自己的视觉，对需要看的事物产生了浓厚的兴趣。在他的生活习惯中，看也许不是最重要的内容，但一定非常有趣、能吸引他的注意力。所以，他在选择职业的时候，也多半会选择一些需要使用眼睛的工作。

学校在教育孩子的时候，常常忽略了这种关于类型的原理。视觉型的孩子，上课时可能会东张西望，总想找一些东西来看，所以在教育这种类型的孩子时，必须耐心地引导他们使用听觉。学校里的很多孩子都因为只对某一种感官活动感兴趣，而接受了非常片面的教育。有的孩子只擅长听，有的孩子只擅长看，有的孩子只喜欢工作或运动。在老师只偏爱一种教学方式的情况下，你能指望三种不同类型的孩子获得同样程度的发展吗？如果老师的教学方式只对听觉型的孩子有利，那其他类型的孩子（比如视觉型或运动型的）就会觉得难受，发展也会受到抑制。

下面这个例子刚好可以说明这种情况。有个二十四岁的小伙子，患有偶发性的晕厥症，他告诉心理医生自己四岁那年曾经因为听见火车汽笛声，昏了过去。在这里我们研究的重点不是他如何得了偶发性晕厥症，而是他对声音非常敏感。他不能忍受噪音、刺耳的声音和种种不和谐的音调，音乐素养一定非常高。所以，汽车鸣笛声才会对他产生那么大的影响。不管是大人还是孩子，都有沉迷于某种痛苦的倾向。也就是说，我们会花心思去研究那些让我们遭受了挫折或痛苦的事。

之前我们提过一个患有哮喘病的男人，大家应该还记得吧。他小时候曾经被人绑起来过，因为年纪太小，身体又弱，呼吸系统受到了一些影响，从那之后，他就对呼吸方式产生了浓厚的兴趣，遇到困难，身体就会应他的需要发作哮喘病。

对饮食非常感兴趣的人，早期记忆里肯定有一些和饮食有关的内容。对他们来说，吃是世界上最重要的事，他们会关注各种与吃有关的知识。我们发现这些人大多在儿时遭遇过一些饮食方面的挫折，比如食物中毒、肠胃虚弱消化能力受限等，这种挫折增强了他们对饮食的关注。

有些孩子出生时体弱多病或患有软骨症，很长时间都无法正常行走。等他们恢复健康后，就会表现出对走路的巨大兴趣，有时是一种近乎变态的兴趣。下面这个例子刚好可以说明这种情况。有一个五十多岁的男人在接受心理疏导时对医生说，每次只要和别人一起过马路，他就觉得他们会被车撞到，非常害怕，但是在他自己过马路的时候，就不会有这种感觉。他说自己每次和人一起过马路，都想抓住对方的手臂，把人救下来。所以一会儿把那个人推到左边，一会儿把那个人推到右边，弄得对方恼怒不已。这种情况虽然少见，但也不是没有。现在我们来分析一下他为什么要做这种蠢事。

在被问及早期记忆时，他告诉医生他有软骨症，直到三岁那年，还不能正常走路。他有两次过马路时，还被车撞到了。他长大后，总想向其他人证明自己已经恢复健康，这对他来说非常重要。这就解释了他和人一起过马路时，为什么那么紧张，他想证明只有自己能顺利地穿过马路。无论何时，只要和别人一起过马路，他就想找机会证明这一点。大多数人都能安全地穿过马路，没有人想在这方面与他一较高下。可对这位病人来说，想要正常行动的欲望和炫耀自己行动能力的欲望非常强烈。

　　还有一个改邪归正的男孩，他差一点就走上了犯罪的道路，他逃学、偷窃，让父母伤透了脑筋。在他的早期记忆里有很多走动、奔跑的内容。他原本的工作是坐办公室当文员，现在是在父亲的公司里当推销员，每天到处东奔西走，这是一种很好的治疗方法。

记忆的内容

与死亡有关的记忆,在早期记忆中无疑占据着非常重要的地位。当孩子看到某个人忽然死去时,他的心理会受到巨大的冲击,可能会发展成变态,当然,也可能不会发展成变态。但他必定会对生与死的问题产生浓厚的兴趣,并用某种方式竭尽所能地与死亡、疾病做斗争。很多见过死亡的孩子,长大后都成了医生或化学家。他们的目标毫无疑问,指向了生活中有意义的一面,因为他们想用医术帮自己、帮其他人战胜死亡。但也有一些人把目标指向了生活中无意义的一面。原型越自私的人越会如此。有个小孩因为姐姐的死受到了很大的触动。有人问他:"你长大以后想做什么?"提问者以为他会说"长大以后想当医生",没想到他的答案是:"我要当挖坟的人。"大家听得一头雾水,问他为什么选择这种职业。他说:"我不想被别人埋掉,想做埋人的那个。"很明显,这个孩子只关心自己,把目标放在了对生活无用的一面。

有时候,人们会对某件事格外感兴趣。有个人对医生说:"我记得很清楚,小时候妈妈让我帮忙照看妹妹。我想好好照顾她,把妹妹放在了桌子上,可是桌布被钉子钩住了,我扯动桌布,妹妹摔了下来。"她当时只有四岁,要照顾一个比她更小的孩子确实力不从心。这件事给她带来巨大的阴影,影响了她的一生(她因为这个原因总是处于紧张状态),虽然她确实想要好好照顾妹妹。长大后,她嫁给了一个非常和善的男人。这个男人对她千依百顺,几乎称得上是驯服。可她总怕丈夫会讨厌自己,刻薄尖锐、疑神疑鬼。丈夫虽然脾气好,时间长了,难免也会感到厌烦。果不其然,最后丈夫把所有的感情都放在了儿女身上。

有时候,紧张状态会以一种更为明显的方式表现出来。有些人清楚地记得自己如何在心里谋划伤害或杀掉某位家庭成员的场景。这种人明显对自己的事更感兴趣,他们排斥甚至敌视他人。这种情感早在原型阶段,就已经存在了。

下面这个例子说的恰好就是这种类型的人。他没有朋友,没有爱人,也没有任何值得一提的成就。他总是担心别人超过他,处理一切人际关系时,都怕别人比自己更讨人喜欢。这种想法让他很难融入社会中,他无论做什么工作都表现得非常焦躁和忧虑,在异性面前,更是如此。

以早期记忆为基础的治疗方案,即使无法让这种人彻底痊愈,也能在某种程度上,促进他们的发展。比如之前我们在另一章提到的那个男孩，就通过探究早期记忆，改正了自己的生活态度。当时他只有四岁，母亲带他和弟弟去菜市场，周围人很多，非常挤。母亲把他抱起来，然后发现抱错了人，又把他放下抱起了弟弟。他因此认为母亲不喜欢他，只喜欢弟弟。

之前说过，早期记忆可以帮我们判断目标对象在生活中将遇到哪些困难，在遇到问题时，倾向于做出何种反应。但我们必须记住，早期记忆不是原因，只是暗示。它们像是由过往经历形成的某种标记，告诉目标主体想要实现生活目标需要克服哪些障碍，告诉我们个体为什么对这件事比另一件事更感兴趣。很多人在很小的时候，就表现出了对性的兴趣。如果你在某个人的早期记忆里，发现了与性有关的内容，不必感到惊讶。性是人类正常生活的一部分，表现方式多种多样，表现程度也各不相同。需要注意的是：早期记忆中如果有很多与性有关的内容，说明他对性有浓厚的兴趣，那他在未来的生活中，也会朝着这个方向发展。太过看重人类生活的这一方面，会阻碍人的正常发展，增加我们获得幸福和感受幸福的难度。有人认为性是人的第一本能，生活中的每件事都有性的影子，但也有人认为生存才是人的第一本能，人最重要的器官是胃。在这些例子中，我们可以看到早期记忆对性格特征的影响。

早期记忆的几个案例

我们在探讨人格时,绝不能忽视早期记忆,把它们当成简单的事实,而忽视其背后的隐藏含义。再模糊的早期记忆,也能给我们带来一些有价值的信息。有些人不知道在自己的早期记忆中,哪些事情发生得更早或更晚,有些人则几乎忘了自己儿时的事。这些情况都能表明个人对这个题目是否有兴趣,合作意愿如何。

人们通常很愿意提及自己的早期记忆,他们把它当成了一些简单的事实,却没有想过它背后的含义,不知道这些记忆可以展现出他们与其他人的关系、他们生活的目标和对环境的态度。深入研究早期记忆,可以挖掘出大量有用的信息。

接下来,我们不妨通过几个关于早期记忆的例子来说明这一情况。我们对这些人一无所知,除了这些记忆,连他们是大人还是孩子都不知道。想要验证早期记忆里的信息,必须知道个体在生活中或性格上的其他表现。不过现在,我们不妨把它当成一次对我们判断力的训练。我们必须有分辨真伪的能力,通过比较两段记忆来确定个体所受的训练是通往合作的还是背离合作的,是让他更加自信还是让他更加自卑,他是更加勇敢了还是更加胆小了,他的独立性是得到了提升还是受到了压制,他是付出型的还是索取型的。

案例一:

"因为妹妹……"一定要注意出现在早期记忆中的人物。在妹妹这个字眼出现的那一瞬间,我们就要想道:这个人一定给他的生活造成了很大的影响,还有很大可能是不好的影响。因为妹妹是个天然的竞争者,哥哥(或姐姐)对于忽然出现的、夺走了父母注意力的妹妹或多或少总有一些敌意。对立的关系会阻碍他的发展,这不难理解。孩子不会和自己不喜欢人的建立亲密友善的合作关系。当然,我们也不能太早下结论,他们也许会成为很好的朋友也说不定。

"妹妹太小哪也去不了,我也跟着出不了门,连上学都要等她一起。"现在可以确定他们关系不太好了。他心里是怎么想的呢?可能是:"年幼的妹妹限制了我的自由,我必须等她长大才能出去。"

如果这段记忆的真实含义就是如此,那这个女孩或男孩多半认为"被人束缚等于失去自由",对此感到非常气恼。记忆的主体应该是个女孩,因为在我们的文化中,给予男孩的自由往往更高,也不会让男孩为了等妹妹拖延上学年限。

"我们同一年开始上学。"这种教育方式影响了女孩的发展。她觉得：因为妹妹年纪小，自己就要等着。这种想法一直在女孩心里盘旋不去。她觉得自己不如妹妹重要，什么事都得让着妹妹。她可能会把这种忽视归罪到母亲身上，然后和父亲更为亲密。

"妈妈说我们第一天上学时，她觉得非常孤独，还说那天下午，她总是忍不住要去门口张望，希望我们早点回来，怕我们不回来。"从这段描述中，我们可以发现女儿离家后，母亲非常担心，还做一些不太理智的行为。"希望我们早点回来，怕我们不回来"，女孩肯定能感受到母亲的爱。可她的安全感如此匮乏也证明了她对母亲的爱没有信心。如果我们能和这个女孩交流一番，她一定会告诉我们，相比于她，母亲更喜欢妹妹。这种偏爱十分常见，很多家长都会宠爱幼子、幼女。

她的早期记忆告诉我们：她不喜欢自己的妹妹，因为妹妹夺走了父母的宠爱，限制了她的自由。她的性格中，应该还有嫉妒和害怕竞争的痕迹。她可能会讨厌比她年轻的女士，这很正常。很多人都怕老，看到年轻的女孩免不了会产生一些嫉妒心理。

案例二：

"那年我刚三岁，父亲……"她早期记忆里的人物是父亲,我们有理由认为她和父亲的关系要比和母亲好很多,因为孩童是在发展的第二阶段才开始对父亲感兴趣的。最先引起孩童兴趣的,通常是母亲,因为在最开始的那一到两年的时间里,孩子和母亲的合作更为密切。她事事都要依赖母亲,整个心灵活动都围绕着母亲进行。如果不是母亲太过失败,孩子不会把兴趣转向父亲。这说明她对自己的处境非常不满,这可能和更小的孩子出生有关。如果接下来的叙述有关于弟弟或妹妹的内容,就说明我的猜测是对的。

"爸爸给我们买了两匹矮种马。"注意"我们",这说明家里不止一个孩子。

"爸爸牵着缰绳,将马带到我们面前。姐姐比我大三岁……"看样子我们猜错了,这个女孩不是姐姐,而是妹妹。她先提起父亲买了两匹马给她们做礼物,可能是因为母亲更疼爱姐姐。

"姐姐牵着马,昂首挺胸地走在街上,笑得十分高兴。"在她的叙述中,我们可以看到姐姐骄傲、得意的姿态。

"我的马跟在后面,前面的马跑得太快了,我跟不上。"前面的马自然是她姐姐的。

"我摔倒了,被马拖着。开始的时候,我多高兴啊,没想到后来那么惨。"姐姐赢了,从头到尾都很高兴。所以这女孩可能会这样想:"我只要稍不留意,就会让姐姐出尽风头。我会跌倒，会悲惨地趴在地上。唯有先发制人，才能立于不败之地。"我们由此推断，她把兴趣转向父亲也是一种无奈之举，既然姐姐已经赢得了母亲的偏爱，那她就要把父亲争取过来。

"后来我的骑术虽然比姐姐好很多，可是那次的经历我一辈子都不会忘。"现在我们的推测已经得到了证实。妹妹把姐姐当成了自己的敌人，她对自己说："我不能一直落在后面，我必须超过她，超过所有的人。"次子和年龄较小的孩子通常会把哥哥、姐姐当成自己的竞争对手，想要超越他们。这个例子就是这种情况。早期记忆不断地警告她："落后非常危险，我必须永远站在前面。"

案例三：

"四岁那年发生的一件事，我直到现在都记得很清楚。当时，曾祖母来探望我们……"祖父母对于孙辈通常是比较疼爱的，至于曾祖父母会如何，就少有研究了。

"她来了之后，我们拍了一张四世同堂的照片。"这个女孩对家庭应该有很深的感情，不然不会对曾祖母的到来和拍全家福的事，记得那么清楚。如果我们的推测是对的，那么这个女孩的合作能力，可能只局限在家庭以内，换句话说，她可能非常依恋自己的家庭，对家庭之外的事则少有兴趣。

"我们是开车去的，这些事好像就发生在昨天，我记得十分清楚。照相馆在另外一个镇子上,照相时,我换了一件绣着白花的外套。"这个女孩应该是视觉型的,对需要看的东西非常敏锐。

"在拍全家福之前,我和弟弟先拍了一张合照。"她再次表现出了对家庭的兴趣。弟弟也是家庭的一分子,接下来或许还有更多关于弟弟的内容。

女孩继续回忆道:"弟弟坐在椅子上,手里拿着一个红色的球。我站在旁边,什么都没拿。"她在暗示自己:相比于她,父母更喜欢弟弟。如果我们没有猜错,她应该不是很喜欢自己的弟弟,弟弟出生后,父母多半把更多的注意力放在了弟弟身上,甚至更爱弟弟。

"大家让我笑。"她的意思应该是:"大家让我笑,可我并不想笑。弟弟坐在椅子上,拿着红色的球,可是我什么都没有。"

"然后拍全家福,所有人都在笑,只有我没有露出一丝笑容。"女孩觉得家人偏爱弟弟,她不肯笑,她在抗议。

"弟弟很聪明,他们让他笑,他马上就露出了一个大大的笑容。我每次看到这张照片都觉得不舒服,后来一直不喜欢照相。"她的回忆也许会让我们对大多数人的生活方式有所领悟:我们总想用自己相信的事来解释其他事。一次不愉快的拍照经历,让她厌恶起了拍照这件事。

案例四：

"在我的早期记忆中，有这样一次意外事故。当时我大概是三岁半，在家里帮佣的一个女孩带我去地窖玩。我们发现了藏在那里的苹果酒，就打开酒桶大喝起来。我们都很喜欢喝。"

对孩子来说，发现地窖里藏着苹果酒一定是件非常有意思的事，就像经历了一次寻宝游戏。如果让你现在就来对这个女孩做一些猜测，你会怎么说？大概有两种选择，一种是她对新环境充满兴趣，觉得这种体验非常新奇、有趣。一种是她没有经受住诱惑，从此走上了堕落的道路。具体如何，要看她接下来的回忆。

"我们想多喝一点，于是决定自己动手。"她果然是个非常勇敢的姑娘，有很强的独立意识。

"可是没过多久，就觉得头晕腿软。我摔倒时碰翻了酒桶，酒洒了一地，地窖变得湿漉漉的。我几乎是躺在泥水里。"对女孩子来说这种经历就很糟糕了，她恐怕会成为一个禁酒主义者。

"可能就是因为这次意外，我开始讨厌苹果酒和一切含酒精的饮料。"按照常理，因为一次小小的意外就完全改变了自己的生活态度，这种事不太可能会发生，但女孩的经历就是如此。所以，这个女孩应该是个独立性很强、勇于改正错误，也擅于总结经验的人。这些特征贯穿了她的整个生活。她像是在说："我会犯错，但也会及时改正错误。"如果我们的猜测是对的，那她的生活态度就很值得我们学习了，因为她独立、勇敢，愿意接受挑战，能积极地改善自身处境。

上述案例只是在训练我们的推断能力。在得出最终结论以前，必须多了解一些人格上的其他表现。

受溺爱和受敌视的早期记忆

有些人从小到大一直备受父母宠爱，现在我们来看一下这种人的早期记忆。

早期记忆就像一面镜子，可以清晰地展现出一个人的性格特点。经常提起自己的母亲，这虽然是一件非常正常的事，但这种情况在某种程度上或许也表明，他想争夺某种位置。有些早期记忆虽然看起来很平常，却值得深入分析。比如，有个人告诉你："我记得自己坐在房间里，妈妈站在橱柜边上。"我们之前说过，早期记忆里的人物非常重要。这个景象虽然看起来无足轻重，却隐晦地表明他在关注自己的母亲。有时提及得越隐晦（比如我们必须猜测他记忆中的人是谁的情况），事情就越复杂。有些人在被问及早期记忆时，可能会和你说："我记得小时候曾经出去旅行。"你问他："和谁一起去的？"他告诉你："和我母亲。"如果他告诉你："有一年夏天，我住在某个地方的农村。"你也会推测出：当时他和母亲一起住在乡下，父亲在城里工作。所以，有时候多问问目标对象和谁在一起,就会发现母亲的潜在影响。

在研究早期记忆的过程中,你会发现一种争宠的倾向——在发展过程中,孩子希望母亲喜欢自己、把更多的注意力放在自己身上。这个发现非常重要,因为一个人如果告诉你他的早期记忆中有这方面的内容,就说明他没有足够的安全感,他认为母亲有可能更喜欢其他人。这种焦虑在他心里生根发芽、发展壮大,最后成了心里的头等大事。这是一个重要事实,意味着在他以后的人生中,嫉妒将成为一个非常明显的性格特征。

有个男孩就要考高中了,可是他身边所有的人都认为他考不上。他不爱学习,每次上课都是一副魂不守舍的样子,他把所有应该用来学习的时间,都用在四处乱晃上,去咖啡馆、去逛街、去朋友家玩。检查他的早期记忆是一件很有意思的事。他说:"我很小的时候,躺在摇篮里盯着墙壁,贴在墙壁上的墙纸非常漂亮,上面有各种花朵和动物。"他喜欢躺在摇篮里胡思乱想,不喜欢参加考试。他总是在想虚无缥缈的事,比如一次抓两只兔子,根本无法专心学习。他被父母宠坏了,独立性非常差。

我们再来看看被敌视的孩子,他的早期记忆又有怎样的特点。这种情况并不多见。因为婴儿非常脆弱,如果一开始就受到敌视,他多半活不了多久。负责照料婴儿的人,不管是父母家人还是保姆护工，都会在某种程度上满足婴儿的愿望，所以孩童受到宠溺的情况远多于受到敌视和忽略的情况。

通常只有私生子、罪犯的孩子、被遗弃的孩子才会生活在有强烈敌意的环境中。你会发现这样的孩子很容易变得孤僻消沉。在他们的早期记忆里，我们能看到明显的来自他人的恶意。有人说："我记得自己被关起来了。"有人说："我记得自己被打了屁股，很疼，我哭得很厉害。"有人说："母亲总是打我、骂我，后来我逃跑了，结果掉进河里差点被淹死。"这个人后来找心理医生帮忙，因为他总想待在家里。

他的早期记忆表明，那次逃家遇险给他带来了巨大的心理阴影。这个经历牢牢地印在了他的脑海里，所以每次外出，他都怕自己会遇到危险。他很聪明，但每次考试都怕自己无法取得第一名。他总是非常紧张，所以很难进步。他后来上了大学，又担心自己无法按照规定的方式和他人展开竞争。这一切都和他童年时遇险的记忆有关。

下面这个例子的主人公是个孤儿。他一岁时，父母就双双去世了。他有佝偻病，自小在孤儿院长大，没有人关心他，也没有人很好地照顾过他。他不知道该怎么和朋友、同事相处。在谈及早期记忆时，你可以明显地感觉到他很怕自己不受欢迎。这种不自信带来的紧张感给他以后的发展造成了很大的影响。他总觉得自己受到了敌视，所以不管是和人交往还是融入环境，都受到了一些阻碍。如果我们想顺利地解决生活中的各种问题，不管是友情、事业，还是爱情、婚姻，就必须和其他人进行亲密接触，可是自卑却在他和其他人之间竖起了一道难以跨越的高墙。

下面这个例子很有意思。一个四十七八岁的中年男人，因失眠问题找心理医生接受治疗。他已经结婚了，也有孩子。他是个严厉刻板的人，有强烈的控制欲，希望所有人都听他的，对家人尤其如此。他的家人为此非常苦恼。

在被问及早期记忆时，他告诉医生他父母的关系非常恶劣，一天到晚吵架，有时还会动手，他很害怕。他的生长环境就是如此。他上学的时候，因为疏于照顾，总是一副邋里邋遢的样子，同学们都不愿意和他玩。有一天，他们班老师请假，找了一个女老师代课。这个女老师刚参加工作，非常热情、自信，她认为教师是一个非常崇高的职业，自己必须在孩子们的发展中做些有益的推动。她在这个受到敌视的孩子身上看到了某种可能性。她开始称赞他、鼓励他，他长这么大，第一次有人对他那么好。从那之后，他就发展起来了。只是这种发展总像是被人推着前行。他觉得自己不够优秀，所以没日没夜地工作。他每天只睡四五个小时，剩下的时间都用来学习和工作。现在他已经习惯了这样的生活，并且认为熬夜是取得成绩的基本条件。

他在后来对家人的态度中，表现出了明显的优越欲望。他觉得自己比家人更强大，所以在他们面前，扮演起了统治者的角色。这种行为严重影响了他和妻子儿女的关系。

我们也许可以对他的整体性格做出这样的评价：他很自卑，且有强烈的优越目标。不要以为自卑、焦虑的人，就不会有优越目标。他们不仅有，还可能非常强烈。案例中的男人就是这种情况，紧张是他怀疑自己能否取得成功的标志。优越情结掩盖了这种怀疑。需要注意的是，他的优越情结只是一种空洞的，或者说虚假的优越姿态。对早期记忆的研究，可以让我们看到这种情结的真实面目。

梦与梦的解析

　　我们绝不能孤立地看待任何心灵想象，这当然也包括梦。我们必须用最慎重的态度研究各种心灵想象，将它和其他心灵活动联系到一起，在这种联系的基础上，或者说从整体上去考虑和分析。换言之，我们不能完全以梦为依据来诠释一个人的人格，在解析梦的时候，一定要从心灵的其他表现中找到足够的证据。只有这样，我们对梦的解释才有可能是可靠的。

由梦识人,存在着合理性

个体心理学认为,意识和无意识是一个统一的整体。记忆、态度、行动属于意识的部分,梦属于无意识或半无意识的部分。梦中的生活和清醒时的生活一样,都是整体的一部分。心理学家研究梦的过程,和研究所有精神表现、精神活动是一样的。

人们普遍认为,梦可以揭示一个人的整体人格。利希滕贝格[1]甚至夸张地认为:相比于言行、态度,梦更能表明一个人的性格和本质。但我们绝不能孤立地看待任何心灵想象,这当然也包括梦。我们必须用最慎重的态度研究各种心灵想象,将它和其他心灵活动联系到一起,在这种联系的基础上,或者说从整体上去考虑和分析。换言之,我们不能完全以梦为依据来诠释一个人的人格,在解析梦的时候,一定要从心

---

1 利希滕贝格(Lichtenberg,1742—1799):德国杰出的思想家、讽刺作家、政论家,深受康德、歌德、尼采、列夫·托尔斯泰、赫尔岑等几代哲学、文学大师的敬重和推崇。

灵的其他表现中找到足够的证据。只有这样，我们对梦的解释才有可能是可靠的。

对梦的研究从远古时期就已经开始了。不管是历史资料，还是神话故事，都有大量关于梦的内容，古人比现代人更喜欢研究梦的"真实含义"，对梦的理解也比现代人更加深刻。只要想想梦在古希腊人的生活中扮演着多么重要的角色、西塞罗[1]关于梦的创作、《圣经》里关于梦的种种描绘，就能知道古人有多重视梦，对梦有多熟悉了。

原始民族在梦中寻找预言和征兆，希腊人和埃及人去庙里参拜，希望神灵入梦，给自己指点迷津。美洲的印第安人斋戒沐浴、行圣礼，通过各种复杂的仪式，促使自己做梦，把梦作为自己行动的依据。在《旧约》中，梦一直是解释未来事物的依据。直到现在，还有很多人都相信梦有预言的作用。有些唯心主义者发展到最后，甚至会把人生的选择权交到梦的手里，按照梦的内容行事。

有个人沉迷于炒股，把所有的工作都推到了一边。他每天买进卖出，全都以自己的梦为依据。他说只有这样，才不会赔钱，还经常和人说，哪次他没有按照梦中的情况买进或卖

---

[1] 马尔库斯·图利乌斯·西塞罗（Marcus Tullius Cicero，前106—前43），古罗马政治家、演讲家、法学家、哲学家，代表作《论国家》《论法律》《论至善至恶》。

出，结果赔了一大笔。他每天想的都是买卖股票的事，日有所思，夜有所梦，再正常不过。他用这些经历鼓励自己相信梦的预言能力。有很长一段时间，他都在大肆宣扬梦让他赚了多少钱。可是最后他几乎倾家荡产，这时他才改口说梦是假的，不能当真。炒股的人赔赔赚赚再正常不过，就算没有梦的引导，他也总有赔钱和赚钱的时候。所以，说梦在这方面能发挥多大的作用，实在让人难以相信。人在对某件事感兴趣的时候，日思夜想，连做梦的时候都在思考，是很平常的。

睡眠时由梦主导意识的这种特殊现象，就像是有一座桥连接着昨天和明天。如果能了解一个人的生活态度和他在此刻与将来之间建立了怎样的联系，自然能了解梦的内容及其象征意义。换句话说，我们做什么样的梦，是由我们整体的人生态度决定的。

有个年轻的女人和丈夫吵了一架，因为她梦到丈夫忘了结婚纪念日。这个梦有很多种解释，如果现实中曾经出现过这种情况，说明妻子认为丈夫不重视自己，夫妻关系正在降温。女人说自己也忘了结婚纪念日的事，是后来忽然想起来的。但是在梦里是她提醒了丈夫，丈夫才想起来的。这说明，她认为自己在这段关系中，表现得比丈夫好。经过进一步的沟通，女人告诉心理医生，梦里这种情况在现实生活中从未发生过，丈夫每年都记得他们的结婚纪念日。这样看来，梦里的情况就只是她无意识里的一种担忧了,她怕丈夫有一天会忘记这件事。在了解了这些情况后,我们可以推断这个女人是比较尖刻和敏感的,她经常挑剔、批评别人,因为一些莫名其妙的理由和丈夫吵架。

必须找到其他证据,才能验证我们对她的梦的解读正确与否。在被问及早期记忆时,她说有件事直到今天还记忆犹新,三岁那年姑姑送了一个木勺子给她,她非常喜欢,走到哪儿带到哪儿。有一次,她去河边玩,不小心把勺子掉进了水里。勺子被水流冲走了,她一连几天都很伤心。这样看来,她的梦表明:她担心终有一天她会像失去那个勺子一样,失去自己的婚姻。她必须提前做好丈夫忘记结婚纪念日的准备。

她还做过一个梦,梦中她和丈夫一起沿着长长的台阶向上攀爬,他们越往上走,楼梯就越陡。她觉得自己爬得太高了,非常害怕,头晕、腿软,最后昏倒在地。她说自己醒了之后还觉得头晕呢。很多人可能都有过这样的经历,站到高处觉得头晕目眩,还有一些人是在狭小封闭的空间里,会感到非常恐慌。将这两个梦联系到一起,可以让我们对她的梦和她本人有一个更加清晰的了解。她害怕自己会从高处摔落,害怕自己会受伤,害怕难以预料的灾祸,最重要的是,她害怕婚姻无法长久地维系下去。假设她和丈夫因为某件事产生了严重分歧,假设他们的婚姻遇到了一些麻烦,你能想象她会做出何种反应吗？她一定会和丈夫激烈争吵，甚至大打出手，然后昏倒。事实上，这种情况在他们的生活中已经出现过了。

现在我们对于她的第二个梦已经有了更加深入的了解。重要的不是梦传递出来的思想感情，而是梦表达思想感情的方式。思想感情本身无关紧要，关键是它要在各个层面上都有实用价值，且能对外表达。女人用第二梦隐晦地告诫自己："你遇到了一些困难，如果不想摔得太狠，就不要爬得太高。"歌德的《婚姻之歌》中有一幕场景是这样的：一个骑士回城堡的路上，在某个偏僻的村庄住了一宿。他筋疲力尽地躺在床上，很快就睡着了。他做了一个梦。梦中，有一些小矮人从床底钻出来，举办了一场浪漫的婚礼。他醒了之后，觉得非常开心，就此产生了结婚的念头。不久之后，他喜欢上一个女孩，两人结婚，梦中的景象变成了现实。

让我们来分析一下这个梦，这里面有很多元素，大家想必已经非常熟悉了。首先，梦里藏着作者本人对婚姻的态度。其次，我们要看到骑士的需求（他缺少什么、想要什么）和他对现实生活的观感。他想通过结婚改变当前的生活状态。第二天醒了之后，他结婚的想法就更加强烈了。

有一点需要提醒大家注意，就是不是所有的梦都能用这种方式加以解释，事实上，只有很少的梦能被解释清楚。通常来说，在我们睁开眼睛的那一刻，梦的记忆会像潮水一般悄然退去，只留下少许痕迹，甚至完全消散。只有对梦境非常精通的人，才有机会挖掘出梦的隐藏含义。梦只是对个人行为和行为模式的一种隐晦的表达。

　　梦之所以能够隐晦地展现出做梦者的行为模式，是因为梦的内容源于做梦者的思想活动。梦就像升腾到天上的烟，可以告诉我们哪个地方发生了火灾。经验丰富的精神科医生可以通过梦对做梦者的天性有所判断，这和经验丰富的伐木工看到烟，就能知道着火的是哪种树是一个道理。梦可以告诉我们做梦者遭遇了怎样的人生困境和他将用何种方法解决现实问题。在梦中，做梦者的社会感和权力欲会表现得尤为明显，这一点，我们需要格外注意。总之，通过梦来了解一个人，是有一定的可行性的。

用梦来创造情绪和情境

想要理解梦的规律性,最好的办法,不是像前几节那样直接对梦境和清醒时的活动状态加以对比,而是对梦境和以个人智识的形式表现出来的、与梦相似的情况(比如故事或幻觉)加以对比。

大家还记得我们之前是怎样描绘精神病人、问题儿童和罪犯,面对审问时的态度的吗?他们编造了一种情绪和感受,让自己不得不相信某种情况的真实性。杀人犯在为自己辩解时,会说:"我必须杀了他,因为这个世界容不下他了。"杀人犯不停地对自己说:"地球上的生存空间有限,杀掉他是为了保护其他人。"他不断强化这样的观点,以此来为自己的犯罪情绪做准备。

有的杀人犯作案时想的是:"我也想要一条他那样的裤子。"他把获得那条裤子变成了自己的优越目标,把嫉妒加在了当时的情境中。很多有名的梦都说明了这一点。比如《圣经》里提到的约瑟夫的梦。他梦到所有人都在向他下跪。这个梦，很明显非常符合他被其他兄弟驱逐的这段插曲。《圣经》中说，耶稣的门徒雅各最喜欢小儿子约瑟夫，所以把珍贵的彩色外衣赐给了他。约瑟夫的兄弟们又嫉又恨，外出放羊时，把小约瑟夫卖给了一个商人。他们回去之后对父亲说："约瑟夫被野兽吃掉了。"

还有一个著名的梦和希腊诗人西摩尼得斯[1]有关。西摩尼得斯受邀去小亚细亚讲学，他犹犹豫豫不愿意去。接他的船已经到了码头，亲人朋友也劝他快点动身，这时，他做了一个梦：他梦到自己在丛林里遇到了一个死人，这个死人是他之前安葬过的陌生人。那个人说："你曾经真心实意地帮助过我，所以我想劝你一句，不要去小亚细亚。"西摩尼得斯本就不愿意去小亚细亚，做了这个梦之后更是下定了决心。他从梦中醒来，斩钉截铁地告诉大家："我不去了。"他用梦制造了一种感情来支持自己的决定，虽然他并不知道梦的真实含义。

人们用自己创造出来的幻觉（比如梦）达成自我欺骗的目的。这种自我欺骗能产生一种我们期望的感情，总能留在记忆中的梦就是这种情况。

在解析西摩尼得斯的梦之前，我们需要回答一个问

1　西摩尼得斯，（约前556—前468），爱琴海凯奥斯岛的著名抒情诗人，代表作《悲歌》《温泉关凭吊》。

题——解梦的具体程序是什么？必须铭记的一点是，梦是个人创造力的一部分。西摩尼得斯做梦的时候运用自己的想象力，设定了某种次序。诗人大多经历丰富、情感细腻，他为什么不选其他人，偏偏选了一个死人？很明显，是因为死亡的念头一直在他心里盘旋不去，因为他害怕航海。当时，航海是一件非常危险的事，他犹豫不决正是因为这个。他也许害怕晕船，但更怕沉船。对死亡的恐惧，让他下意识地选择死人作为自己梦中的主角。

相对来说，用这种方式来解释梦会容易很多。需要注意的是，图像、记忆、想象的选择都能展现出心理活动的方向，它们会指向做梦者想要达到的目标。

下面这个梦是一个已婚男人做的。他和妻子的关系不太好，因为他总觉得妻子把心思都用在了其他地方，对家里的两个孩子不够尽心。为了这件事，他经常和妻子吵架，指责妻子的不是。有天晚上，他做了一个梦，梦见家里又有一个孩子，这个孩子丢了，怎么找都找不到。他和妻子大吵了一架，说她没照看好孩子。

我们可以看到这个男人有这样的倾向：首先，他很疼爱自己的孩子，他怕孩子们会丢。所以连做梦的时候，也不敢让他们之中的任何一个丢掉，为此他编造了第三个孩子。这里还有一点需要注意，就是他认为两个孩子已经是很重的负担了,再有一个孩子,妻子一定照顾不好,也许真会丢掉。所以还可以从另外一个角度来解析这个梦——男人在考虑他们该不该有第三个孩子。

这个梦的结果是,他创造了一种对妻子的不满情绪。早上起来,就算孩子都在,他一样会对妻子感到不满,然后找借口和妻子吵架。很多人都有起床气,早上起来,看谁都不顺眼,就想和人吵一架,这很可能是晚上的梦所制造出来的一种情绪。这种情况和抑郁症不一样,有点像陶醉。处于这种状态的病人,经常用无路可走、死亡、失败之类的借口,将这种情绪延续下去。

从这个梦里我们还可以发现,男人选择了一个能让自己产生优越感的角度:"我的妻子不像我这样关心孩子,所以她把一个孩子弄丢了。"如此,他想统治他人的倾向在梦里表现得非常明显。

梦的欺骗性

弗洛伊德认为梦是婴儿阶段性欲的满足。这种说法很难成立,因为梦若当真是这样一种满足,那所有的事都可以用满足来解释了。更何况,已经得到满足的欲望,还能叫梦吗?我们心里的每一种想法都是从无意识走向了意识,性欲满足这种说法并不新奇。后来,弗洛伊德又说,梦包含着做梦者对死亡的向往。这种解释一样说不通,比如我们之前说的那个例子,你不能说那位父亲希望自己的孩子丢掉或死掉吧?

事实上,除了精神生活的统一性和梦中生活的感情特征这些一般假设,对梦的解析并没有其他的具体方法。为什么这种感情特征和随之而来的自我欺骗,总是以比喻、比较的方式呈现?就是因为它太过复杂和多变。如果我们自己也觉得事实和逻辑无法取信于人,就会用比喻、比较的方式,进行自我欺骗,这种方法非常有效,因为它能产生强烈的暗示,发挥作用(对人产生影响)的时间也更长。

诗人也是高明的骗子,只是他们欺骗的方式更倾向于给人带来愉悦感。他们用比喻和富有诗意的文字愉悦我们的心灵。相比于通常的语言文字，诗歌给人留下的印象更为深刻，这正是诗人想要达到的效果。比如荷马在描述希腊军队时，说的是希腊军队的士兵像雄狮一样冲过原野。这种诗意的氛围具有非常强大的感染力。如果作者只是描绘士兵穿什么衣服、拿什么武器，力量感就没那么强了。

人们在解释事情时，也会出现这样的情况——用比喻的方式增加说服力。这种比喻既是在欺骗自己，也是在欺骗他人。这在梦的内容和形象选择上表现得尤为明显。这是一种极具艺术性的自我欺骗。

有一个现象很有意思，就是梦的自我陶醉还有终止梦境的作用。也就是说，如果个体意识到了梦的欺骗性，梦的影响力会大打折扣，甚至消散。当我们意识到自己做梦时，梦也很快就会结束。一位作者发现：在他意识到自己做梦的那一瞬间，感情发生了巨大的转变。这位作者将这件事写到了一本书里，说：在战争时期，我的任务是尽最大努力减少士兵的伤亡。某天晚上，我梦见自己杀了一个人，但我不知道这个人是谁。我非常难过，一直在想："我杀的是谁？"这个念头在我的脑海中盘旋不去。他做这样一个梦是因为他每天想的都是要给士兵们安排合适的位置，以减少人员伤亡。当他明白梦里的情绪是为了维护这种想法时，梦就结束了。因为这时他已经不需要再去纠结这些想做又不想做的工作了。

总是有人问："为什么我经常做梦，可有些人却几乎不做梦？"上面这个例子刚好可以解答这个问题。因为他们更倾向于正视问题、解决问题，他们的脑袋几乎被逻辑和活动占满了，根本不愿意欺骗自己或他人。这种人就算做了什么梦，也很快就会忘记，他们不信自己做过梦。所以又有这样一种说法：每个人都会做梦，只是大多数人很快会忘记梦的内容。如果这个说法是对的，那么那些从不做梦的人，就变成了总是忘记梦境内容的人。当然，这种说法正确与否，现在还没有切实的结论。

有一个现象很有意思，就是有时候同一个梦我们会反复做，这是为什么呢？虽然目前还没找到关于这个问题的明确答案，但有一点是可以确定的，就是在重复的梦境中，做梦者的生活模式和优越目标会表现得越来越清楚。

我们会在梦中寻找连接目标和现实问题的桥梁，如果梦很长，就说明做梦者还没做好准备，处于寻觅状态。事实上，最好理解的梦，往往是那些非常短的，有的梦只有几句话或几个场景，但它可以清晰地展现出做梦者正想办法用更加真实、贴近现实的办法欺骗自己或他人。

在研究梦的时候，我们能明确地认识到：感情活动可以促进梦的产生，同样，所有的梦都有一种必然的目的——创造某种感情活动。梦就像一场带有感情色彩的演出，它会根据我们喜欢的行为方式，将我们清醒时的一些态度和行为演绎出来。不过梦里的内容绝不会分毫不差地出现在现实生活中，所以梦不是现实，只是一场演出。我们说梦具有欺骗性，正是因为它可以制造、增强我们的某种情绪。

为什么做梦

我们知道,人在清醒状态下如何生活,是由他的优越目标决定的,既然人是一个统一的整体,那么梦自然也该由优越目标决定。梦是生活习惯的一部分,和原型关系密切,这不难理解。事实上,只有了解梦和原型之间的紧密联系,才能真正理解梦的含义,就像只有了解梦的特征和梦的真意,才能对做梦者有更为准确的认知一样。

想象一下,学习不好的人在考试即将来临时,会发生什么事?他会魂不守舍,一天到晚都很焦虑,他可能会和自己说:"现在才抓紧时间学习,已经来不及了。"他希望考试的时间永远不会到来,或者自己不用参加这场考试,所以他梦到自己摔倒,这是他的现实愿望,他的生活习惯在梦里得到清晰的展现。要是一个学习好的人呢?他根本不怕考试,更不会想一些能够逃避考试的歪门邪道,不仅如此,他还有一些跃跃欲试。考试之前,他可能会梦到自己站在山顶眺望远处的美景。他的目标就是取得成绩,这点在他的梦里也表现得很清楚。

还有一些人学得不好不坏，他们在现实生活中处于不上不下的位置，在梦里便也受到了种种束缚，他们想要躲开某些问题或某些人的追逐，在梦里不是逃跑就是被抓。

需要注意的是，如果你和心理学家说"我不记得自己做过什么梦了，但我可以给你编一个"，他一样会很感兴趣。因为他很清楚，做梦和编梦一样，都要在个体生活习惯的范围内动用想象力。也就是说，编出来的梦同样可以展现出个体的生活习惯，和真正做的梦没什么区别。

我们在幻想世界里模仿的对象，不一定是自己在现实生活中的行为，也可能是他人的行为。有些人不是活在现实生活中，而是活在幻想里。在清醒的状态下，他们胆小怯懦，什么都不敢做，可是到了梦里，又会有一些非常勇敢的表现。他们可能并不喜欢当前的工作，切实的证据不仅会出现在现实生活中，也会出现在那些勇敢无畏的梦里。

梦一定和个人的优越目标相符。所有的梦、行为和疾病都是以优越目标为导向的练习，至于这个目标到底是什么，是逃避困难还是掌控他人，则无关紧要。

梦没有真实的逻辑和表现，唯一的目标就是创造感情、情绪、感受。在解释梦的目标时，不要想得非常复杂。在这方面，清醒时的状态行为与梦里的状态行为属于同种类型，只是程度上稍有差别。精神发展不会遵循预定的逻辑框架,因为那不符合我们的目标。就像我们知道的那样,在解决人生问题时,精神活动和我们的生活框架密切相关。我们会竭尽所能让这些答案贴近社会交往、满足社会交往的需求。抛开清醒时的生活习惯,将梦看成一种独立事件,是无法正确解读梦境的。

古人认为梦非常神秘,预示了即将发生的事。这种观点从某种意义上说其实是对的。梦就像一座桥,连接着做梦者的优越目标和现实困境。在这种情况下,梦是很容易变成现实的,因为做梦者已经做好了解决问题的准备,他在梦中,或者说心中已经设想、模拟了各种情况。

对于这种观点还有一种解释,就是相互关联的事既能出现在现实生活中,也能出现在我们的梦中。富有智慧的人可以通过对梦和现实生活的解读来预测未来,这体现的是一种判断能力。比如,梦到自己认识的人死了,醒了之后一打听,这个人果然死了。做梦的人在潜意识里已经想到了这种可能性,然后以梦的形式体现出来。这就像是医生对病人的预测或个人对家人朋友的预测。

梦之所以会成为一种迷信——相信它可以预测未来——就是因为它亦真亦幻、虚实掺半。有些人装出一副预言家的样子,用梦的所谓预测性谋求私利,比如赚取钱财或彰显自己的重要价值。

　　想要驱散梦神奇的预言色彩和围绕在梦周围的迷信面纱，首先得弄清楚为什么大部分人都无法理解自己的梦。这是因为很多人都不了解自己，即使在清醒的状态下，也一样如此。生活中，有多少人会通过反思来进行自我分析和规划未来的行进方向呢？解析梦，比清醒状态下解析自身行为更复杂、更艰难，又有多少人有这样的能力？我们自己做不到，只好求助于那些江湖术士了。

睡眠和催眠

很多人都对睡眠有一些毫无价值的猜测。比如，有些人认为睡眠和清醒是两种相互对立的状态，把睡眠当成了死亡的同胞兄弟。这是一种错误的观点。睡眠和清醒不是两种截然相反的状态，睡眠是某种程度的清醒。人在睡眠状态下一样可以思考、倾听，和生活的联系并未完全切断。清醒状态下的特征同样也发生在睡眠状态下。街上的喧嚣叫嚷远不如婴儿的一声啼哭，更能唤醒沉睡的母亲，原因就在这里。即使在睡觉的时候，母亲的注意力仍然停留在孩子身上。人睡着的时候并不会从床上掉下来，因为头脑仍有边界的概念。

完整的个性是由白天的表现和夜里的表现共同组成的。这也是催眠术的基本原理。催眠的神秘感，其实和迷信有很大关系。催眠的时候，一个人会按照另一个人的意愿乖乖入睡。这种情况在生活中同样可以看到。比如父母说："好了，快睡觉吧！"孩子很听话地就睡着了。被催眠的人愿意遵从，是催眠术能够起效的重要原因。被催眠的人的遵从程度越高，催眠的效果和感受就越好。

只要对方足够顺从，我们就能通过催眠将某种画面、记忆、观点，印在他的脑袋里，这是在清醒状态下无法做到的。通过催眠，还能解决一些问题，比如找回早已忘却的回忆。

催眠和睡眠在本质上非常相像。催眠之所以神秘，起点在于被催眠者愿意按照催眠者的要求进入睡眠状态。只有被催眠者足够顺从，催眠者的命令才能发挥效力。关键在于被催眠者的性格和本性。接受催眠等于放弃了自我判断，甘愿受他人摆布。他心甘情愿地把自己的运动机能交给催眠者随意掌控。催眠和普遍睡眠的本质区别就在这里。

在接受催眠时，人处于半睡半醒的浅眠状态，头脑中唯一记得的就是催眠者让他回想的事。催眠期间，被催眠者的判断能力将完全失效，被催眠者相当于催眠者的一只手或一种工具，催眠最重要的特征就在于此。

催眠作为一种治疗方法，危险系数还是很高的。除非别无他法，尽量不要用催眠治疗病人。催眠无法改变病人原本的生活习惯，所以一开始或许能克服某些苦难，但时间长了，就会产生强烈的报复情绪。这种方法就像服用了毒品或在某种强制措施下行动，无法触动病人的真实性格。真正想要帮助一个人，就要给他信心和勇气，让他对自己的错误有深入的理解。这些都是催眠术无法做到的。所以，只要病人还有通过其他方法治愈的可能，催眠术都要被排除在外。

相互影响无所不在

人和人之间会有一种相互影响,这种影响是怎么发生的呢?

相互影响是公共生活得以建立的基础。这种影响在某些情况下,比如师生之间、夫妻之间、父母和子女之间,会表现得格外明显。在社会感的驱使下,可以说,每个人都愿意受到环境的影响。愿意的程度,和一方有多在意另一方的感受和权利密切相关。损害自身和他人利益的影响,大多难以长久维持。一个人越是相信某种影响对自己有利,这种影响持续的时间就越长,这是一种非常重要的教育思想。其他教育方式或许也很有效,但这种教育思想却符合人类的原始本能——适应环境、发展自身。

除非受教育者不愿意受社会规则的限制,想远离社会,否则,这种教育方式一定行得通。人不会忽然之间就下定决心要摆脱社会,然后当机立断斩断自己和社会的所有联系。在此之前,他一定会挣扎很长时间,慢慢下定决心,慢慢完成脱离,最后公然成为社会感的敌人。这时，无论想要通过何种方式对他产生影响，都会非常困难，甚至完全不可能。我们会看到一幕戏剧化的场景：他拒绝一切影响，攻击所有想要影响他的人。

强制性的环境会让人对外界的影响产生一定的排斥情绪。但是，如果外界压力非常大，权威的影响根基稳固，难以撼动，被影响的人也就只能听命行事了。但是，这种被迫的遵从，对社会感没有任何好处。在极端情况下，它还会让受影响者完全无法适应社会生活。他会成为一个没有思想的木偶，不再接受外界的任何影响，只会听命行事。这种情况虽然较少，但也不是完全没有。无条件遵从的后果非常恐怖，这种孩子长大后很容易受控于人，甚至成为他人作恶的工具。

犯罪团伙中有一种现象非常有趣，就是主犯总是隐藏在幕后发布命令，而实施犯罪的都是一些只会听命行事的人。每一个有组织的犯罪集团里都能看到这种习惯于听命行事的马前卒。这种无条件遵从会对人产生非常重大的影响，发展到最后，他甚至会以严格遵从命令为荣，只有低声下气地听命行事，才能达成自己的优越目标。

父母经常埋怨孩子不听话，但有几个父母会埋怨孩子太听话呢？研究表明，孩子不听话，是因为他们想摆脱外界的束缚，摆脱当前这种对他们比对其他人更加严苛的生活环境。因家庭压制产生的抵制情绪，让他们难以接受学校教育的影响。

学校教育很难影响那些权力欲望非常强烈的人，可是很多家庭都把教育的重心放在激发孩子的雄心壮志上。这种情况不是因为父母思虑不周，而是因为在我们的文明中，这种野心和渴望随处可见。不管是在家庭里还是社会里，人们只会看到那个最优秀、最醒目的人。

被催眠者既是被愚弄欺骗的一方，也是愚弄欺骗催眠者的一方。他在一定程度上遵从了催眠者的指示，但又有自己的个人主张。此时，起作用的不是催眠者的力量，而是被催眠者愿意遵从的程度。所以，除非催眠者是夸张和欺骗的绝顶高手，否则任何奇异的力量都无法影响被催眠者。

任何变化都能对无条件遵从的人产生巨大影响。这也是灵媒起效的一个重要原理。不妨想象一下这样的画面，他们瞬间就能接受任何人的任何稀奇古怪的想法。这和催眠术的基础有些相像。有些人说自己愿意接受催眠，但在精神上完全没做好无条件遵从的准备；有些人说自己不愿意被催眠，却在心底强烈地渴望着接受催眠。催眠期间，个人的行为只和他的心理状态有关，至于别人说了什么，或者对方是不是一个值得信赖的对象，则无关紧要。很多人都没有认识到这一点，所以才会对催眠术有诸多误解。

影响他人行为这种能力，其实很多人都有。但有些人把这种能力当成了自己独有的一种神秘力量，这种思想危害性极大，尤其是在催眠术、通灵术的应用中。它们也许会成为某些人危害他人和社会的工具，对人类犯下恐怖罪行。为了达成自己的险恶目的，他们可以无所不用其极。但这并不表示他们的所有行为都以欺骗为基础。可惜，人就是这样一种乐于服从的动物，很容易受到那些自称有神奇力量的人的控制。听说某个人是权威专家，没经过验证便对他的话言听计从，这种经历恐怕很多人都有过，这已经成了我们的一种习惯。

我们不愿意用自己的理智多加观察，甘愿被他人愚弄，被某些人的装腔作势吓住。虚张声势的神秘力量不会让社会生活变得和谐有序，只会引起受骗者的一再反抗。玩弄通灵术或催眠术的人不可能永远一帆风顺，总有人能用清醒的态度抵御不利影响，有些人甚至会假装受催眠，设下圈套狠狠地愚弄催眠者或通灵者一番，这种情况，连某些尝试催眠他人的科学家都遇到过。

说到这儿，该谈一谈暗示了。为什么要把暗示归入印象和刺激的范畴，这不难理解。任何人都要不断地接受外界的刺激和影响。只接受一种刺激或偶尔才受外界影响的人并不存在，这一点不言而喻。只要我们感知到了某种印象，这种印象所带来的影响就会不断地在我们身上发挥作用。所谓暗示，指的是这种印象以另一个人的要求或请求的形式出现，对方的目的就是说服我们接受他的意见。

暗示可以改变或强化被暗示者心里已经存在的观点。问题在于每个人对于外界刺激所做出的反应都不一样。受影响的程度和他的独立性密切相关。一定要注意这两种人：一种是过分在意他人看法，而低估个人见解的人，他们不在乎自己的观点是对是错，总觉得别人的观点十分高妙，愿意接受他人的意见，很容易受到暗示和催眠的影响；一种是不愿意接受任何刺激和暗示的人，这种人不在乎自己的想法是对是错，把接受暗示和刺激当成了对自己的一种羞辱，固执己见，认为只有自己的想法才是对的。这两种人都有缺陷，第二种人的缺陷在于他完全不肯接受他人的意见。这种人通常都很好胜，就算偶尔表示自己乐于采纳他人的建议，也只是为了彰显他博大的胸襟和气度。这种人总是很难接近，也很难和他人建立良好的合作关系。

无处不在的相互影响是人类社会得以存在的基础。我们无时无刻不在接受外界的刺激和影响。有些时候，真理和虚假会奇怪地混合在一起。通过对生活中相互影响的研究，我们发现越是理智的人，越容易感受到他人和社会的影响，社会感也很难被扭曲。控制欲和权力欲越强的人，越不容易受到他人和社会的影响。这种情况在生活中非常普遍，每天都会看到。催眠术和通灵术只能控制那些无条件遵从的人，对于那些习惯自己做决定、独立自主、对他人怀有戒心、足够理智的人，则没有任何效果。

每个人都是完整的统一体

　　意识和无意识并不像大家想象的那样是相互对立的。事实上,两者并没有清晰的界限,发展方向也时常一致。如果我们对人的分析不以"个体生活的统一性"为原则,不将人看成一个统一的整体,就有可能会得出错误的结论。时至今日,如果心理学还不承认每个人都是一个整体,那么所有研究都将失去意义。

无意识和意识：冰山的下层和上层

个性心理学认为，给各种特殊元素贴上意识或潜意识的标签，是一种错误的做法。意识和无意识并不像大家想象的那样是相互对立的。事实上，两者并没有清晰的界限，发展方向也时常一致，更重要的是，两者的终极目标完全相同。想要弄清楚什么是意识，什么是无意识，一定要先弄清楚两者的关系。通过下面这个例子，我们可以清楚地看到意识和无意识之间的紧密联系。

一个四十多岁的已婚男人得了恐怖症，他一直想跳楼，这种念头一直在他心里盘旋不去。他在生活的其他方面都表现得非常正常，唯一的问题就是想跳楼。他婚姻幸福，工作顺利，还有很多志同道合、心意相通的朋友。如果不是考虑到意识和无意识的相互作用，医生也会觉得这个病例非常古怪。病人主观上有跳楼的欲望，可是直到现在，他都没从楼上跳下去，为什么？答案就在他生活的另外一个方面——无意识。他在无意识里抗拒死亡，随着无意识对意识的渗透，他成功地压制了寻死的念头。在生活习惯中，他是达成了优越目标的征服者。有些人可能会说，一个在意识层面有明显自杀倾向的人，也能算征服者？当然。因为他身体里还有一种反抗自杀的力量，在这场争斗中，作为获胜的一方，他的优越感自然会得到满足。事实上，真正让他获得胜利的，是他本身的懦弱和胆怯，懦弱激发了他对优越的追逐。这种规律已经成了一种习惯，控制着每一个有自卑感的人。他心里一直有两种意识激烈交战，一方是体现在意识层面的死亡欲、自卑感，一方是体现在无意识层面的征服欲、求生欲和优越感，关键在于获胜的是哪一方。

接下来我们看看这个人的原型发展和我们的理论是否相符。当被问及早期记忆时，他告诉医生自己小时候在学校遇到了一些麻烦。他不愿意和男孩子玩，想要尽可能地远离他们。但与此同时，他又告诉自己这种想法是不对的，他必须打败心里的懦弱，勇敢地和男孩子接触。就像我们看到的那样，通过不断的努力，他克服自己的怯懦，越过了前行路上的阻碍。

分析过这个病人的性格之后，你会发现他生活中的一个非常重要的目标，就是战胜焦虑和恐惧。他的意识和无意识围绕这一目标形成一个整体。如果没有看到这个病例中的全部事实，以个体生活的统一性为原则，将病人看成一个统一的整体，就很可能会得出这样的错误结论：他是一个内心怯懦，外表好斗的野心分子。到了现在，如果我们还不承认每个人都是一个整体，那一切关于个人和心理学的研究都将失去意义。既然生活包括意识和无意识两个方面，那么只有在意识和无意识之间建立联系，我们才能真正地将生活视为一个整体。

寻找目标

生活具有神秘的创造力，个体心理学正是通过理解这种创造力才慢慢发展起来的。生活中，每个人都渴望成功，都在身体力行地追逐成功和个人发展，希望能用另一方面的成功来弥补这一方面的失败，创造力就在这种种的追逐和渴望中怦然迸发。这种创造力——这属于目的论——体现在对目标的追逐中，在此过程中，一切精神活动和身体活动彼此配合、相互影响。所以，任何否定人的整体性、将肉体活动和精神活动作为孤立状态加以研究的做法都是错的。比如犯罪心理学就把更多的精力用在了研究罪行而非罪犯本身上，这是一种非常荒谬的做法。事实上，这里最重要的因素不是罪行本身，而是罪犯。想要理解犯罪行为，首先得从犯罪者的角度，把这一行为视为罪犯生活中的一段插曲。同样的行为在这个案例中是有罪的，在另一个案例中可能就无罪了。生活目标不同，个体的行为和行为方向也不一样，所以关键是要了解每个人的不同情况。这种目标还能告诉我们各种孤立行为背后的隐藏意义。我们要看到这些孤立行为其实是整体活动的一部分。反过来，把这些孤立行为视为整体的一部分，也能让我们对整体意义有一个更加深入的了解。

我们在医学中可以清楚地看到，所有身体器官都在向着某些明确的目标发展。在某些有生理缺陷的病例中，还可以看到生命机能用一种非常特别的方式，处理各种残疾问题，弥补和改善生理失衡的情况。比如发展另一个器官取代有缺陷的器官，让有缺陷的器官获得更强的能力等。面对外界的压力，生命绝不会不战而降。为了继续生活，不屈不挠的斗争从未停止过。

精神活动和机体的生命活动非常接近。每个人的精神里都有理想和目标的概念，它让我们树立具体目标，以改变现状，清除现实生活中的各种难题。在解决现实问题的过程中，具体目标能让人保持一种优越感，因为他心里早已制定好了追逐目标的办法。精神中若是没有目标的概念，个人的生活将没有任何意义。

事实证明，人在童年时期就有了"确立一个目标，且让目标有具体形式"的概念。从这时起，个体成熟的模式或原型就已经发展起来了。想象一下这个过程：面对环境的种种束缚，孩子发现自己非常脆弱和渺小，产生了强烈的反抗情绪，决定发展自己。他制定了一个目标，并朝着这个目标不断努力。在这一个过程中,相比于发展所需要的物质资料,确定发展目标无疑更加重要。

虽然无法确定这个目标是怎么形成的,但它的存在和它对孩子所有行为的控制力,是无可置疑的。因为孩子只有先确定了自己的目标,才能确定自己的发展方向,所以直到现在,我们也无法准确地说出,早期阶段的能力、理智、冲动和能量的情况。不知道个体的生活倾向,就无法预测他以后的行为。

看到"目标"这个词,大家可能会觉得有些迷茫,所以我们不妨将这个观点说得更具体一些。想要变成上帝就是一个具体目标。成为上帝是最终目标,也就是目标的目标——如果专业术语中有这个词的话,我们就可以这样用了。教育工作者在教育孩子和自己成为上帝时,一定非常谨慎。每个孩子在发展过程中,其实都会设立一些更为具体的短期目标。比如,一个男孩起初觉得妈妈是世界上最厉害的人,他就会在行为举止上模仿妈妈,这时他的目标就是变成妈妈。以后如果他觉得司机是世界上最厉害的人,就会努力模仿司机。这时,变成司机就是他的目标。他的穿衣打扮、行为举止,就都会向司机靠拢。他会表现出和目标相符的各种特征。可是司机的高大形象会随着警察的出现灰飞烟灭……之后,老师因为能惩罚学生,医生因为能给人打针,也纷纷拥有了强大的威信,逐一成了他追逐的目标。

孩子的目标有一个共同特点，就是它在某种程度上体现了孩子的社会兴趣。有个孩子在被问到以后想做什么时，给出的答案是"刽子手"。这就是缺乏社会兴趣的一种表现。他希望能掌控别人的生死，这是上帝才有的权力。他会树立这种缺乏社会感的目标，是因为他没有为他人做贡献的意识，他把更多的注意力放在了自己身上。需要注意的是，同样是想掌控他人生死、想当别人的上帝，有些人却是立志成为一名医生。两者的区别在于后者达成目标的方式是服务于社会。

原型的基础——统觉系统

原型简单来说就是目标的早期个性。原型形成以后，个体的种种行为就有一定的趋向和轨迹。这是我们预测个体未来生活种种可能的基础。个体的统觉一定会落入这种方向所限定的规则中。从此之后，我们理解环境的依据，不再是客观事实，而是自身的统觉系统——个人的兴趣偏好。

我们在这种关系中看到一个非常有趣的事实：有生理缺陷的孩子会不自觉地将所有经历和自身缺陷联系到一起。比如，视力不好的孩子总是对能看到的事物充满兴趣，肠胃功能不好的孩子总是对食物充满兴趣。这种偏好符合个人的统觉系统，而统觉系统造成了个体间的性格差异。因此，要了解一个孩子的兴趣喜好，不妨先了解一下他的生理缺陷。当然，事情绝不会这样简单。很多时候，因为统觉系统的压制，孩童对生理自卑没有明显的感受，所以也没有发展出易于观察的外部特征。当生理自卑已经成了统觉系统中的一个元素时，再如何认真仔细地从外部观察这种自卑，也无法明确看出统觉体系的特征。

孩子和成年人一样，非常熟悉相对系统，在这方面他们和其他人没有不同。任何人掌握的知识都不是绝对真理，连这门科学也不例外。常识是科学的基础，它是在不断的变化中、在各种各样的错误中累积起来的。每个人都会犯错，重要的是改正错误。

错误在原型形成的阶段，最容易改正。但是在这个阶段，如果没将错误修正过来，之后再想修正，就要回忆起这个阶段的所有状况了。所以治疗神经症患者的关键，是找出他原型形成阶段都犯了那些本质性的错误（而非他在后来的生活中都犯了哪些错误），然后，用适当的方法加以治疗和纠正。

个性心理学对遗传决定论持否定态度。对个体来说，重要的不是他继承了什么，而是他在人生的早期阶段对待继承物的方式和态度、他建立了怎样的原型。先天性的生理缺陷毫无疑问也是一种遗传因素。在这里我们思考问题时，要先抛开那些特殊困难，将孩子放在一个较为舒适的环境中。事实上，如果孩子的缺陷很明显，就能发现问题并对症治疗，这还是比较容易解决的情况。如果没有提供合适的养分或养育方式不得法，即使没有任何先天缺陷的孩子，也会出现发育不完全的情况。

现在我们来看看个性心理学是如何训练和教育神经症患

者的。神经性官能症患者、罪犯、借助酒精逃避生活问题的人都属于神经症患者。

我们要找到病症的起因，最简单的方法是询问病状出现的时间。很多人都认为环境变化是这些人患病的主要原因，这种看法并不正确，因为患者在发病之前，已经出现了无法为适应新环境做足准备的情况。如果病人所在的环境没有发生变化且较为友善，那想找出他的原型错误，就没那么容易了。每一种新环境都有一定的试验性质，他必须根据以统觉系统为基础的原型，对新环境做出反应。这种反应要和他的目标相符且有一定的创造性，不能完全是消极的，因为目标贯穿了他的整个人生，是他所有行为的引导者。不孤立看待某种心理现象，不过分看重遗传的重要性，是个体心理学研究的基本原则。我们知道，原型是以统觉系统为媒介和经验达成一致的，所以想要达成某种效果，就一定要研究统觉系统。

贯穿一生的生活模式

判断某一个体生活模式的优劣,只要与正常的生活模式比较一下就可以。对于生活模式出了问题的人,我们要做的,是激发他们的社会兴趣,提高他们适应社会的能力。想要做到这一点,最大的难题在于他们总是非常紧张,千方百计地寻找证据证明自己固有的观点。过往的偏见占据了他们的头脑,融入了他们的生活模式中,如果我们不能打破这一局面,就无法真正帮助他们。

环境对生活模式的影响

两棵松树，一棵长在山顶，一棵长在深谷，仔细观察你会发现，它们的生长状态、生活模式截然不同。树的生活模式，是在一定的环境中形成和表现出来的树的个性。当我们把生活模式及其对应的生存环境放在一起，就会发现它和我们想象的不太一样。每棵树都有自己的生活模式，绝不会只是简单地对环境做出固定反应。

人也是这样。在研究个体的生活习惯时，必须考虑到他的生活环境。意识会随着环境的变化而变化，所以我们的主要目标是找出生活模式和现实环境间的直接联系。在顺境中难以看清的生活模式，在逆境、陌生的环境中会表现得异常清晰。有些经验丰富的心理学家能够看出身处顺境者的生活模式，但普通人更多的时候，却要等到目标对象遭遇逆境时，才能真正看清他们的生活模式。

没有人能够一帆风顺，生活中总有这样或那样的困难。人们在遭遇困境时会表现哪些独特的性格特征，又有怎样的异常反应,才是我们必须研究的重点。就像我们前边说的那样,生活模式形成于儿童早期阶段遇到的困境和对目标的追逐,是一个统一的整体。

可是,相比于过去,我们总是对将来更感兴趣。想要探究一个人的未来,首先得知道他有怎样的生活模式。否则,就算我们对本能、动力、刺激等诸多元素有再多、再深入的了解,也无法做到这一点。有些心理学家想通过研究伤痛、记忆、本能这些元素,推测个体的未来。可惜,他们的种种努力只是进一步证明了生活模式的一贯性。所以,不管是什么样的刺激,它的作用都只能是维系和保护生活模式。

众所周知,有生理缺陷的人在遇到困难时,会产生强烈的不安全感和自卑情结,并为此受尽折磨。因为没有人能长时间忍受这种状况,所以在一段时间之后,他们会在自卑感的驱使下,设立一个新的目标。个性心理学里有一个专有名词叫作"生活计划",指的就是由该目标引发的持续一致的行为,由于这个词很容易让人产生误解,因此这里我们用了生活模式一词。

每个人都有自己的生活模式。我们可以通过交谈、问答、观察个体和他人的交流情况,研究个体的生活模式,并在此基础上预测目标对象的未来,这就像看一出已经演到了第五幕的戏,故事的结局已经昭然若揭。想要成功地做到这一点

（预测目标对象的未来），还需要我们对生活的各个阶段，以及各个阶段的种种苦难和问题，有非常深入的了解。我们完全可以推测出以下这些类型的孩子在未来的人生中将遇到什么情况：与他人保持距离的孩子、被宠坏的孩子、缺少独立性的孩子、在新环境中表现得非常胆怯懦弱的孩子。一个把寻求庇护作为人生目标的人，会遇到什么情况？他能积极地解决生活中的各种问题吗？他会不会总是以迟疑和逃避的态度来面对生活中的各种问题？在现实世界，这样的人并不少见。他们总想找人照顾自己，畏惧生活中的种种难题，在人生的道路上不愿意独自前行。他们不愿意为了那些有用的事努力奋斗，把所有的精力都浪费在那些无用的事上。最后，因为缺乏社会感，他们可能会变成问题儿童、精神病患者、罪犯，甚至以自杀来逃避生活的人。

现在，我们对所有的情况都有了更加深入的了解。想要研究个体的生活模式，一个比较好的方法就是，以正常的生活模式作为衡量的标准。

什么样的生活模式是正常的

现在我们需要知道什么样的生活模式才是正常的，又有哪些特殊的、错误的生活模式。有一点需要提醒大家注意，就是我们不能用这种方法划分人的类型。因为每个人的生活方式都不一样，就像世界上没有两片完全相同的叶子一样。大自然是如此丰富多彩，错误、本能、刺激的形式不计其数，我们根本找不到两个完全相似的人。所以，就算有类型，也只是把某种相似点归结到一起，让它们看起来易于理解而已。这是一种比较聪明也比较方便的做法。先简单分类、概括类型，再研究这个类型的特殊性，能让我们的判断更加精准和全面。但是，不能一直用同一种分类方式，而是要在各种分类中，选择能更好地帮助我们理解特殊性和相似性的方法。有些人在分类上表现得非常刻板，只要把某个人归入某一类，就完全想不到他还有属于其他类型的可能。

下面我们通过一个例子来具体说明这一点。比如，我们说一个人远离人群，对他人和社会没有任何兴趣，属于适应社会不良的类型。这是划分个人类型的一种重要方法，也有可能是最重要的一种方法。但是，当我们把视线从这个人转移到其他的每个人，就会发现一种非常明显的情况：有的人只对需要看的东西感兴趣，有的人只对需要说的东西感兴趣，不管这种兴趣有多么狭隘和有限。两个人虽然在适应社会方面有一定的相似性——都不愿意和他人建立联系——但整体来说，却是截然不同的两种人。我们必须明白，这种抽象的方法只是为了降低分类的难度，不能让它成为混乱的源头。

现在让我们将话题转向正常人，他们是我们衡量变化形式（或者说不正常生活模式）的标准。正常人的生活模式具有良好的社会适应性，能为社会的发展做出一定的贡献，当然这种贡献可能并不符合他们的个人意愿，这里我们先不考虑。从心理学的观点出发，他们积极勇敢，能够面对生活中的各种难题，而这两种品质，往往是有心理疾病的人最为缺少的。他们无法很好地调整自己的心理状态，让自己适应每天的工作和生活，社会适应能力严重不足。举例来说，有个三十多岁的男人，每次解决问题时都会在最后关头选择逃避。他怕自己和朋友无法长久地保持友好关系。可是任何友好亲密的交往，都要求两个人是非常放松和自在的。如果一个人总是紧张兮兮的，别人又怎么能轻松自如地和他相处？紧绷的状态会严重损害友谊的发展。所以，他和每个人都是泛泛之交，见面时点个头寒暄几句而已，一个真正意义上的朋友都没有。他不知道该怎么交朋友，和人在一起总是一句话都不说，慢慢地对交友彻底失去了兴趣。需要注意的是，这种无话可说的状态，在从某种意义上，也揭示了他在学识和兴趣爱好上的匮乏。

他还是一个非常腼腆羞涩的人。每次一开口就脸红。如果他能克服这种羞涩情绪，说话时或许还能表现得好一些。在这方面，他需要的是鼓励、帮助，而非指责、嘲讽。人们不喜欢这种紧张、局促的形象。他意识到这一点，于是更不喜欢说话了。所以，和人接触时把注意力都放在自己身上，就是他的一种生活模式。

在友谊问题之后，是工作的问题。他总是害怕自己不能完成工作，所以夜以继日不停地学习，弄得自己疲惫不已，最后只能辞去工作。

比较他的交友态度和工作态度，你会发现他总是处于紧张状态。这是自卑感强烈的重要标志。他不相信自己，认为他人和环境对自己存有敌意。所以他的一举一动都给人一种戒备、敌视的感觉。

眼下资料充足，我们可以试着描绘一下这个人的生活模式。他渴望成功，但又畏惧失败，所以束手束脚、坐立不安。他非常紧张焦虑，就像站在了悬崖边上。如果没有达成特定的条件，他一步都不会往前走，宁可一辈子待在家里，远离这个讨厌的社会，不和任何人交往。

他要面对的第三个问题是恋爱和婚姻。很多人在面对这个问题时，都没有做足准备。他在异性面前总是一副迟疑不定的样子。他渴望爱情，愿意和人恋爱结婚，但又非常自卑，不敢面对自己的未来。他希望所有的事都能按照他的期望进行，他的态度和行为用一个转折句就能概括："是……可是……"他同时和两个女孩交往，这种情况对于一个心理失衡的人来说，并不奇怪。在某种意义上，两个女孩是比不上一个女孩的。这一事实也可以解释很多男人都想娶好几个妻子的情况。

下面我们讨论一下这种生活模式是怎么产生的。分析生活模式的起因，是个性心理学的主要任务。人的生活模式在四五岁就已经建立起来了。那时遇到的某些困境对他的人生产生了至关重要的影响，我们一定要找出这些困境。有些东西让他对其他人失去了兴趣，在他心里留下了这样一个印象：你无法战胜生活中的巨大困难，与其白费力气，不如赶紧躲开。他因此变得犹豫不决、怯懦谨慎，脑子里时刻想着逃走。

他可能是家里的第一个孩子，我们之前说过，长子的位置非常特别。有一段时间，他一直是家里的独子，是所有人关注的焦点，可是忽然之间，随着弟弟（或妹妹）的降生，他失去了这个荣耀的位置。很多人迟疑羞怯、不敢迎接挑战，都是因为在人生中，有另一个人取代了他原本被偏爱的位置。所以，这种病症的起因就在此处。

很多时候，我们只要问问对方在家里的排行，就能对所有的事有一个较为准确的判断。当然，还有一种截然不同的方法，就是询问对方的早期记忆。早期记忆或最初画面是早期生活模式的一部分，早期生活模式是原型的一部分。所以，通过早期记忆，我们可以在一定程度上了解个体的真实原型。只要稍加回忆，每个人都能想起一些重要的事。

留在我们记忆中的每件事都是重要的。但也有一些心理学派提出了一种截然相反的观点：我们会忘记那些最重要的事。其实这两种观点本质上是一样的。因为很多时候，就算我们能说出停留于意识层面的记忆，也不知道这些记忆到底有什么意义，它们和我们的行为之间有怎样的关系。这表明记忆中的一些重要内容还是被我们忘记了。所以，不管是停留在意识层面的记忆，还是那些已被遗忘或隐藏起来的重要环节，我们都要加以重视。它们的结果是一样的。

对早期记忆的描绘，即使只有很少一部分，也能展示出非常丰富的内容，告诉我们目标对象有着怎样的生活模式。

也许有个人会和你说："小时候我和弟弟一起在房间里玩……"早期记忆里的人物非常重要，弟弟对他的人生一定会产生非常重要的影响。如果对他进行进一步的引导,他可能会回忆起类似于下面这样的情况:房间忽然着火,妈妈冲进来抱走了弟弟,他自己跟在妈妈后面跑了出去。通过他的描述,我们对他的生活模式有了一个大致的猜测。他认为相比于自己,妈妈更喜欢弟弟。他和人相处时总是一副沉默寡言的样子,原因就在于此。他不敢付出,时时刻刻都在忧心自己不是最受欢迎的那个,交友的时候也有这样的表现。他总是担心自己的朋友会喜欢上其他人,这种忧心让他失去了所有的朋友。他多疑善妒,总拿一些微不足道的小事阻碍友谊的发展。

我们还可以看到,这段悲惨的经历如何阻碍了他社会兴趣的发展。他记得妈妈抱起弟弟却没抱他,这说明他早就感受到了母亲对弟弟的偏爱。为了证明自己的感受是对的,他会下意识地搜集各种与此相关的证据。至于那些和这种感受相反的证据,则会被他忽略掉。他深信自己的想法是对的,所以总是非常焦虑和恐慌,他觉得自己无论怎样努力都不会成为最受宠爱的那个。

这种疑心很重的人只有完全处于孤立状态、无法再与他人比较竞争时,才能摆脱忧虑,获得解脱。他有时会产生这样一种幻想:世界毁灭,所有人都死了,只剩下他自己,再也没人能和他争宠。他想要自救,却没有走一条符合逻辑和常识的有意义的路，而是在怀疑的道路上越走越远，把自己的生活限定在了一个非常狭窄的空间里。他总想着怎样逃走，对其他人完全不感兴趣，也不和人建立联系。我们不应该责备他，因为他只是生活模式出了问题。

调整生活模式的必要性

对于生活模式出了问题的人,我们要做的就是激发他们的社会兴趣,提高他们适应社会的能力。想要做到这一点,最大的难题在于他们总是非常紧张,千方百计地寻找证据证明自己固有的观点。过往的偏见占据了他们的头脑,融入了他们的生活模式中,如果我们不能打破这一局面,就无法真正地帮助他们。所以,在和这样的人接触时一定要把握好分寸。过分热情很容易触动他们心里的防备体系。

关键是要减轻对方的自卑感。我们不可能完全消除自卑,就算能,也不该这么做,因为自卑是一种催人上进的有益基础。我们只需要做一件事——改变他的目标。他以逃避为目标,只要别人受到欢迎和喜爱,这种目标就会发挥作用。这是一种观念情结。我们必须告诉他"你太低估自己了",以此来减轻他的自卑感。一定要告诉他:他种种行为的不合理之处,告诉他不必活得如此紧张,像在悬崖边上一样一刻都不敢放松。除此之外,还要让他知道,他之所以无法以顺利完成工作和以最好的形象出现在他人面前,都是因为他的这种忧虑——怕别人比自己更受欢迎。

如果他能在社交场合,像主人一样细心周到地招待大家,时刻想着"客人"的利益和兴趣,他的处境也许会得到极大的改善。但是在现实生活中,他的情况往往不是这样。他没有各种奇妙的想法,也不知该怎么愉悦大家,到了最后,只能对自己说:"这些人太蠢了,我根本没必要在他们身上浪费时间和精力,他们乏味至极,无法给我带来任何快乐。"

没有足够的智慧和常识来理解当前的事态环境,就是他的问题。他远离人群,把所有人都当成敌人。在人类的环境中,这是一种不正常的生活,也是一种非常悲哀的生活。

我们再看看一个关于抑郁症患者的具体案例。抑郁症是一种可以治愈的常见病。通常来说,患者幼年时就已经表现出抑郁的倾向。仔细观察,你会发现很多孩子在进入新环境时,都会表现出一些抑郁的症状。我们即将谈到的这位病人,每次一换新工作就会出现抑郁的症状,犯病次数足有十次之多。但是,只要一直待在同一个岗位上,他就不会出现任何异常。他不愿意和人来往,不愿意参加任何社会活动,却想掌控他人。他五十岁的时候还没结婚,也没有任何朋友。

想要描绘他的生活模式,我们得先了解一下他的童年生活。他小的时候非常敏感、好胜,总是在哥哥姐姐面前展现自己的痛苦和脆弱，让他们不得不让着自己。大概是四五岁的时候，他想一个人占着整张床，就把哥哥姐姐全都赶下去了。姑姑看到这种情况，责备了他，他大声喊道："你骂我，毁了我的生活。"

他的生活模式就是如此：不停地怨天尤人，凸显自己的脆弱和所受的苦楚，想要借此掌控他人。抑郁症正是为了顺应他的这种性格特征才出现的病症。抑郁症说到底只是一种软弱的表现。每个抑郁症患者都在用自己的行为告诉别人："我什么都没有，我的生活毁了。"这种人小的时候受尽宠爱，现在生活发生了翻天覆地的变化，生活模式受到了巨大的影响。

人类和动物对环境的反应非常接近。在同样的环境里，兔子、狼、老虎的反应各不相同，就像不同的人会对相同的环境做出不同的反应一样。有人做过这样一个实验：将三个从未见过狮子的孩子，带到狮子（狮子被关在了笼子里）面前，看看他们的表现有什么不同。第一个男孩大喊了一声"妈妈"，就转身跑走了。第二个男孩吓得脸色发白、双腿打战，却用颤抖的声音强撑着说："真好玩。"第三个男孩看了看关着狮子的笼子，说："我能冲它吐口水吗？"三个孩子在同一种环境下虽然都很害怕，但表现出来的状态却完全不同。

我们在社会环境中同样会表现出恐惧情绪。很多人难以适应社会，都是因为恐惧。有个男人出身极好，兄弟姐妹都很优秀。只有他因为不肯努力，老想依靠别人，连一份正经的差事都找不到。这种差异，让他变得非常焦躁。兄弟姐妹们每次看到他都是一副恨铁不成钢的样子，数落他的懦弱和无能，说他"笨、没用，没有正经工作"。他开始用酒精麻痹自己，几个月的工夫就成了一个名副其实的酒鬼。因为酒后行为失当，他被关进监狱待了两年，被强制戒酒。在监狱里，他的精神状况稍微改善了一些。可是他离开监狱回到社会后，一切又恢复了原样。他自诩出身高贵，却只能找一些出卖劳力的工作。没过多久，他就开始出现幻觉，他听到有人一直在他耳边嘲笑他没用、找不到工作。之前，他因为酗酒找不工作，现在则是因为幻觉找不到工作。由此可知，简单地让一个酒鬼戒掉酒精，而不让他看到生活模式中的错误并加以改正，没有任何意义。

调查发现，这个人从小备受宠爱，所以在生活中总想求得他人的帮助。他完全没有做好凭借个人力量完成工作的准备。所以，这样的结果也在情理之中。想要培养孩子的独立性，只有一个办法，就是让他们看到自己生活中习惯中的错误。比如前面说的那个男孩，一定要告诉他生活模式上的错误，训练他多参加一些活动，只有这样，他在兄弟姐妹面前才不会感到如此羞惭。